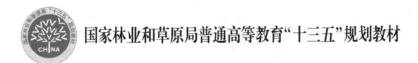国家林业和草原局普通高等教育"十三五"规划教材

动物生产学实验
实习指导

安小鹏　主编

中国林业出版社

内 容 简 介

《动物生产学实验实习指导》不仅适用于智慧牧业科学与工程、草业科学、动物医学、农学、动物科学等专业的本科教学，而且适用于畜牧科技人才的培训。动物生产学实验和实习内容与课堂讲授紧密配合，相互补充。动物生产学实验内容包括精子品质检测，卵母细胞的观察，羊乳成分分析及羊乳中掺入牛奶的成分检测等畜牧产业急需的实用技术。动物生产学实习包括动物克隆技术，良种鉴定技术，日粮配合与检查，兔的外形观察和内部解剖等内容。主要目的是让学生熟悉和掌握家畜生产的主要环节和关键技术。通过深入生产现场，具体进行实践操作，培养学生的动手能力，进一步巩固动物生产课程所学的理论知识，从而对畜牧生产形成一个比较全面而系统的认识，使学生能够在规模化、商品化生产条件下从事养殖生产、技术管理和商品销售等方面的工作。

图书在版编目（CIP）数据

动物生产学实验实习指导 / 安小鹏主编 . —北京：
中国林业出版社，2021.6
国家林业和草原局普通高等教育"十三五"规划教材
ISBN 978-7-5219-1185-5

Ⅰ. ①动… Ⅱ. ①安… Ⅲ. ①畜禽-饲养管理-高等学校-教材 Ⅳ. ①S815

中国版本图书馆 CIP 数据核字（2021）第 101876 号

中国林业出版社教育分社

策划、责任编辑：高红岩 李树梅　　　　　责任校对：苏 梅
电　　话：(010)83143554　　　　　　　传　　真：(010)83143516

出版发行　中国林业出版社（100009　北京市西城区德内大街刘海胡同 7 号）
　　　　　E-mail:jiaocaipublic@163.com　电话:(010)83143500
　　　　　http://www.forestry.gov.cn/lycb.html
印　　刷　北京中科印刷有限公司
版　　次　2021 年 6 月第 1 版
印　　次　2021 年 6 月第 1 次印刷
开　　本　787mm×1092mm　1/16
印　　张　5
字　　数　120 千字
定　　价　18.00 元

《动物生产学实验实习指导》
编 写 人 员

主　编　安小鹏

编　者　(按姓氏笔画排序)

安小鹏　(西北农林科技大学)

孙秀柱　(西北农林科技大学)

李　广　(西北农林科技大学)

宋宇轩　(西北农林科技大学)

侯金星　(杨凌职业技术学院)

郭　超　(西北农林科技大学)

曹斌云　(西北农林科技大学)

前　言

　　教材是体现教学内容和教学方法的载体，是教学工作的基本要素和教学改革的物化成果，也是深化教育教学改革，保障和提高教学质量的重要基础。教材建设是高等学校的一项重要基本建设，它综合反映了一个学校的风格和特色，以及学校的师资力量和教学水平。教材质量的好坏直接影响着学科建设、教学质量及人才培养目标的实现。《动物生产学实验实习指导》依据现代农业生产对畜牧技术的需求，以转变观念为先导，改革教学内容为核心，培养实践技能为重点，坚持以学生为本，知识、能力、素质协调发展，以提高毕业生的综合素质和就业竞争能力为目标。《动物生产学实验实习指导》在教学内容的安排上，既注重培养学生的实践能力和创新意识，也充分体现学生的知识水平和个性差异。

　　目前，智慧牧业科学与工程、草业科学、农学、动物医学等专业本科生尚缺少适用的《动物生产学实验》和《动物生产学实习》教材。本团队编写的《动物生产学实验实习指导》根据创新人才培养的要求，重组实践教学体系和优化课程结构，建立一套围绕教学大纲、切合学生实际、符合社会对人才需要的教学实践方法。通过加强实践教学，使学生参与科研工作，作为课堂教学的必要补充和延伸，是活跃学生的思维和提高学生创新能力的直接方式，对提高学生的综合素质，锻炼学生的各种能力，培养优秀人才起着重要作用，并能符合就业单位对大学生实践能力的要求，增强学生的就业渠道。

　　《动物生产学实验实习指导》将教学内容分成基础性、综合性和设计性 3 个层次，将培养学生的理论与实践相结合、基本动手能力、科研和创新能力作为教学的出发点和归宿，摆脱过去以理论知识为线索组织教学的旧模式。《动物生产学实验实习指导》不仅概括与整理了动物分子育种、动物繁殖等学科最新的科研成果，而且在学科理论的简明化、系统化和体系化上都有新的突破、发展与提高。《动物生产学实验实习指导》的主要内容包括两部分。第一部分为实验指导，包含 10 个实验内容，分别为精液品质的检查及理化因素对精液品质的影响，显微镜检查精子的活率、密度和畸形率，家畜卵母细胞的获取及观察，牛、羊瘤胃内容物的观察，羊毛长度的测定，羊毛、绒纤维组织学构造的观察，牛、羊乳的感官鉴定，羊乳成分分析及羊乳中掺入牛乳的成分检测，牛、羊乳新鲜度的检验，兔消化器官和繁殖器官的观察。第二部分为实习指导，包含 15 个实习内容，分别为牛的体型外貌鉴定，羊的外貌特征及主要部位的识别，奶山羊鉴定技术，家畜繁殖率统计，参观现代化羊乳品加工厂和现代化饲料加工厂，乳的采样及乳成分分析，日粮配合与检查，动物克隆技术，转基因动物技术，家畜繁殖计划，规模化养殖场的饲养管理关键技术。

　　本书编者近年来，一直从事羊生产学、牛生产学、猪生产学、动物繁殖学和动物生产学的教学和科研工作，积累了动物生产管理、良种繁育和营养调控等方面的实践经验，发表了许多相关论文。在本书编写过程中，得到了许多同仁的关心和支持，并引用了许多专家和学者的研究成果及相关的书刊资料。在此致以诚挚的感谢！虽然编著者尽最大努力完成了该书的编写，但由于水平有限、缺乏经验、时间仓促等原因，书中的疏漏和不当之处在所难免，敬请同仁及广大读者批评指正。

编　者
2021 年 4 月

目 录

第一部分　实验指导

实验一　精液品质的检查及理化因素对精液品质的影响

一、实验目的
1. 掌握检查精子密度和活率的方法。
2. 熟悉感观检查精液品质的方法和技术。
3. 观察理化因素对精子运动及生存能力的影响。

二、实验材料
（1）牛、羊、猪、马等动物的新鲜精液。
（2）显微镜(带恒温台)、载玻片、盖玻片、搪瓷盘、温度计、滴管、擦镜纸、纱布。
（3）试剂　蒸馏水、3%和0.9%氯化钠溶液、2%煤酚皂溶液、1/3 000新洁尔灭溶液、75%乙醇。

三、实验内容
1. 测定射精量

将采集的精液倒入有刻度的试管或集精杯中，测量其体积。各家畜的射精量平均为：马70(30~100) mL，驴50(10~80) mL，牛4(2~10) mL，羊1.0(0.7~2.0) mL，猪250(150~500) mL。

2. 色泽、气味观察

观察精液的色泽并嗅闻气味。

3. 云雾状的观察

取1滴精液在清洁的载玻片上，不加盖玻片，用10倍的物镜观察牛、羊精液翻腾滚动的云雾状态，并按以下符号记入表内：云雾状显著者以"+++"表示，有云雾状者以"++"表示，云雾状不明显或无云雾状者以"+"表示。

4. 精子密度检查

取1滴精液在清洁的载玻片上，加上盖玻片，使精液分散成均匀一薄层，不得存留气泡，也不能使精液外流或溢于盖玻片上，置于显微镜下放大400~600倍观察，按下列等级评定其密度。

密：在整个视野中精子密度很大，彼此之间空隙很小，看不清楚单个精子运动的活动情况，这一级属于"密"，每毫升精液含精子数约在10亿个以上，登记时记以"密"字。

中：精子之间的空隙明显，精子彼此之间的距离约有一个精子的长度，有些精子的活动情况可以清楚地看到。这种精液的密度评为"中"，每毫升所含精子数在2亿~10亿个，登记时记以"中"字。

稀：精子分散于视野内，精子之间的空隙超过一个精子的长度，这种精液每毫升所含精子数在2亿个以下，登记时记以"稀"字。

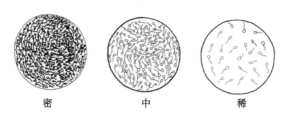

图 1-1　牛精子密度示意

牛精子密度示意如图 1-1 所示。

5. 精子活率评定

采精后立刻将精液带入温度在 22～26 ℃的实验室，使用带有恒温台(恒温台设置 37 ℃)的显微镜评定精子活率。

用玻璃棒蘸取 1 滴原精液或经稀释的精液(马、猪精液的精子密度低，可以不稀释；牛、羊精液的精子密度大，须用 0.9%氯化钠溶液或其他稀释液进行稀释，其温度须与精液温度相近)，滴在载玻片上，加上盖玻片，盖玻片内不能有气泡残留。将载玻片置于显微镜下放大 250～400 倍检查。注意显微镜的载物台须放平，最好是在暗视野中进行观察。

精子的活动有 3 种类型，即直线前进运动、旋转运动和振摆运动。精子活率指精液中呈直线前进运动精子数占总精子的百分率。即

$$精子活率 = \frac{呈直线前进运动精子数}{总精子数} \times 100\%$$

评定精子活率等级采用十级制。直线前进运动的精子为 100%者评为 1.0 级；90%者评定为 0.9 级；无直线前进运动精子的精液为"0"级。

牛、羊的精液中由于副性腺分泌物少，精子密度大，因此，要求精液达到"密 0.6"(即密度为"密"，活率为"0.6"级)及"中 0.8"级以上才能作为合格的精液。而马、猪的精液中副性腺分泌物多，精子密度小，因此，正常的精液定为"中 0.6""稀 0.8"以上的等级。

6. 理化因素对精子的影响

(1) 温度的影响　将 1 滴采集的新鲜原精液滴在载玻片上，置于显微镜下观察其精子活率，再放在 45～50 ℃ 2 min，观察精子活率及运动有何变化。

将采集的新鲜精液立即做精子活率评定后，随后即移入 0～5 ℃经 2～3 min，再将精液温度回升到 35～37 ℃进行精子活率评定。注意观察降温前后精子活率的变化。

(2) 渗透压的影响　将新鲜原精液做出精子活率评级后，分别取 3 滴原精液，加入 0.9%氯化钠溶液、3%氯化钠溶液和蒸馏水各 1 滴，混合均匀后观察精子活率及精子形态有何变化。

(3) 化学消毒药物的影响　取 3 滴精液于载玻片上，覆以盖玻片立即评定精子活率，再用滴管分别在盖玻片边缘滴入以下药物：2%煤酚皂溶液、1/3 000 新洁尔灭溶液、75%乙醇，使之进入精液层内。分别观察精子活率及形态有何变化。

四、作业

将本次实验所观察结果分别填入表 1-1、表 1-2 内。

表 1-1 种公畜精液品质检查登记表

畜别	畜号	采精时间 （年 月 日）	射精量/ mL	色泽	气味	云雾状	密度	活率

表 1-2 理化因素对精子活率的影响

处理前	活率评分	处理后	活率评分
35～37 ℃		40～45 ℃	
降温处理前		降温处理后	
加入不同浓度溶液前		加入 0.9%氯化钠溶液 加入 3%氯化钠溶液 加入蒸馏水	
加入不同浓度溶液前		加入 2%煤酚皂溶液 加入 1/3 000 新洁尔灭溶液 加入 75%乙醇	

实验二 显微镜检查精子的活率、密度及畸形率

一、实验目的

1. 掌握利用血细胞计数器准确测定每毫升精液中所含精子数的方法。
2. 掌握测定精子畸形率的操作要点。
3. 测定每一份冷冻精液内有效精子数，以确定是否符合输精要求。

二、实验材料

（1）牛、羊、猪等家畜的新鲜精液或冷冻精液。

（2）显微镜、载玻片、专用盖玻片、移液器（2.5 μL、10 μL 和 100 μL）、血（色素）吸管、血细胞计数器、计数器、干燥箱、光电比色计、试管（5 mL）、吸管（1 mL 及 2 mL）、玻璃棒、染色缸、染色架、玻片镊、纱布。

（3）试剂 乙醚、柠檬酸钠、龙胆紫、甲醛、乙酸、单宁酸、硝酸银、苯酚（石炭酸）、蒸馏水、硝酸银、伊红、美蓝、乙醇等。

（4）染色液配方

① 0.5%龙胆紫乙醇溶液（0.5 g 龙胆紫溶于 100 mL 96%乙醇）或蓝色墨水。

② 乙醇固定液：40%甲醛 12.5 mL；96%乙醇 87.5 mL。

③ 凡那他氏镀银染色液：

a. 胡氏固定液：37%甲醛 2 mL，乙酸 1 mL，蒸馏水 100 mL。

b. 染色液：单宁酸 5 g，石炭酸 1 g，蒸馏水 100 mL。

c. 硝酸银溶液：硝酸银 0.25 g，蒸馏水 100 mL。

④ 威廉斯染色液：

a. 品红原液：10 g 品红溶于 100 mL 96%乙醇。

b. 伊红原液：将伊红溶于乙醇中制成饱和溶液。

c. 染色液：品红原液 10 mL，5%石炭酸 100 mL，取品红原液和 5%石炭酸混合液 50 mL 加入饱和伊红原液 25 mL，充分混合，至少放置 14 d 后，经过滤可用于精子染色。

d. 美蓝原液：10 g 美蓝溶于 100 mL 96%乙醇。

三、实验内容

1. 精子数量测定

（1）血细胞计数器测定法

① 清洗器械：先将血细胞计数器及专用盖玻片用蒸馏水冲洗，使其自然干燥。

② 精液的稀释：

a. 吸取 3%氯化钠 0.2 mL 或 2 mL，注入小试管中。根据稀释倍数（表 1-3）的要求，再吸出 10 μL 或 20 μL 氯化钠溶液弃去。

表 1-3　精液稀释倍数

精液种类	吸取时所达到的刻度/μL		稀释倍数
	精液	3%氯化钠溶液	
牛、羊	10	1 990	200
	20	1 980	100
猪、马	10	190	20
	20	180	10

b. 吸取精液 10 μL 或 20 μL。

c. 用纱布擦去吸管尖端附着的精液，将精液注入小试管中。

d. 用拇指按住小试管口，振荡 2~3 min 使其混合均匀。

③ 精子计数：

a. 将擦洗干净的血细胞计数器置于显微镜载物台上，在计数池上盖上专用盖玻片。

b. 将试管中稀释好的精液，滴 1 滴于计数池上专用盖玻片的边缘，使精液自动渗入计数池。注意不要使精液溢出于专用盖玻片之上，也不可因精液不足而致计数池内有气泡或干燥之处，如果出现有上述现象应重新操作。

c. 静置 2~3 min 后以 400~600 倍显微镜检查。

d. 统计出计数池的四角及中央共 5 个中方格即 80 个小方格的精子数。

e. 统计每个小方格内的精子，只数小方格内压在左线和上线的精子。

f. 由 5 个中方格(80 个小方格，整个计数板含 25 个中方格)所统计的精子数(X)代入下列公式即可得出每毫升的精子数(即密度)。

$$每毫升精液所含精子数 = \frac{X}{80} \times 400 \times 10 \times 稀释倍数 \times 1\ 000$$

$$= X \times 50\ 000 \times 稀释倍数$$

精子计数示意如图 1-2 所示。

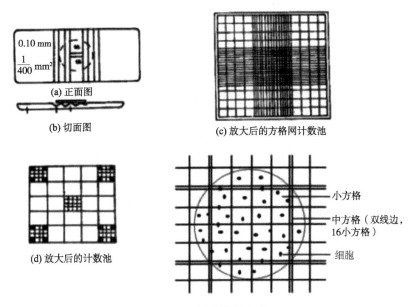

图 1-2 精子计数示意

为减少误差，必须进行两次精子计数，如果前后两次误差大于 10%，则应用第 3 次检查。最后在 3 次检查中取两次误差不超过 10% 的数据，求其平均数，即为所确定的精子数。

(2) 光电比色计测定法 常采用 581-G 型、72-1 型和 76-1 型光电比色计测定每毫升精液中所含精子数。

先将原精液稀释成不同比例，并以血细胞计数器测定各种稀释比例的精子密度、制成标准管。再用光电比色计测定已知精子密度的各标准管的透光度，求出相差 1% 透光率的级差精子数，根据其不同透光度与其相对应的精子数，制成精子查数表。

用 5 mL 生理盐水定点到 100(透光率)，然后取 0.1 mL 新鲜精液加入另一装有 4.9 mL 生理盐水的比色皿中，如用 581-G 型比色计，采用 42 号蓝色滤光片比色，如用 72-1 型比色计则用 440 nm 进行比色，记录其透光度和光密度值(X 值)。根据其透光度来查对精子查数表，便可从表中找出被测精液样品每毫升中所含精子数。奶牛、肉牛精子密度查数表见表 1-4 所列。用比色计测定精子密度的误差是由于精液内含有细胞碎屑、白细胞或胶状物等造成的，因此每头种公畜最好单独制成一份精子查数表。

(3) 精子分析仪测定法 取精液 1 滴，滴入精子计数板的计数池中，置显微镜操作平台上，点击"活动显示"菜单，调节好显微镜焦距，显示器上即可显示待测标本的精

表 1-4　奶牛、肉牛精子密度查数表

透光度	亿/mL	透光度	亿/mL	透光度	亿/mL	透光度	亿/mL	透光度	亿/mL
5	24.764 1	24	19.725 1	43	14.678 9	62	9.636 3	81	4.593 7
6	24.498 1	25	19.456 1	44	14.413 5	63	9.370 9	82	4.328 3
7	24.233 3	26	19.090 7	45	14.148 1	64	9.105 5	83	4.062 9
8	23.967 9	27	18.925 3	46	13.882 7	65	8.840 1	84	3.797 5
9	23.702 5	28	18.659 9	47	13.617 3	66	8.754 7	85	3.532 1
10	23.437 1	29	18.394 5	48	13.351 9	67	8.309 3	86	3.266 7
11	23.171 7	30	18.129 1	49	13.086 5	68	8.043 9	87	3.001 3
12	23.906 3	31	17.863 7	50	12.821 1	69	7.778 5	88	2.735 9
13	22.640 9	32	17.598 3	51	12.555 7	70	7.513 1	89	2.470 5
14	22.375 5	33	17.332 9	52	12.290 3	71	7.247 7	90	2.205 1
15	22.110 1	34	17.067 5	53	12.024 9	72	6.982 3	91	1.939 7
16	21.844 7	35	16.602 1	54	11.759 5	73	6.716 9	92	1.674 3
17	21.759 3	36	16.536 7	55	11.494 1	74	6.451 5	93	1.408 9
18	21.313 9	37	16.271 3	56	11.228 7	75	5.186 1	94	1.143 5
19	21.048 5	38	16.005 9	57	10.963 3	76	5.920 7	95	0.878 1
20	20.783 1	39	15.740 9	58	10.697 9	77	5.655 3	96	0.612 7
21	20.527 7	40	15.475 1	59	10.432 5	78	5.389 0	97	0.343 7
22	20.252 3	41	15.209 7	60	10.167 1	79	5.174 5	98	0.081 9
23	19.986 9	42	14.944 3	61	9.901 7	80	4.859 1		

注：新鲜精液 0.1 mL+2.9% 柠檬酸钠 4.9 mL。

子运动图像。点击"计算分析"菜单，系统进入自动分析状态，图像显示区出现精子分割图像并进行分析。打印报告分析结束后，可根据需要打印出分析结果。

2. 直线前进运动精子数的计算(精子活率的计算)

（1）用 0.9% 生理盐水作为稀释液，以保持活精子的正常运动。

（2）显微镜恒温台温度保持 37~38 ℃。

（3）统计出四角及中央共 5 个中方格中的非直线运动(包括死精子、摆动、旋转运动)的精子数，求出每毫升精液中非直线运动的精子数。

（4）将计数器放入 120 ℃ 的干燥箱中 5 min，利用高温杀死全部精子后，计数四角及中央 5 个中方格的精子数，求出每毫升精液中的总精子数。

（5）计算直线前进运动精子的百分率，即精子活率。

$$精子活率 = \frac{总精子数 - 非直线运动的精子数}{总精子数} \times 100\%$$

3. 每头份冷冻精液中有效精子数的测定

（1）随机取一份精液，用常规方法解冻后，较准确地评定出精子活率。

（2）在同一批冷冻精液中，再随机取一份精液（取一粒颗粒冷冻精液直接投入小试管中，不需加解冻液），在 60~80 ℃ 热水中经数分钟杀死全部精子，用 1 mL 吸管准确量取被检精液，将测量过的精液依然注入原试管内。

（3）另取一支 1 mL 吸管，准确吸取 2.9% 柠檬酸钠溶液，稀释到 1 mL/头份。

（4）取稀释后的精液，滴入血细胞计数器内，计数 5 个中方格中的精子数（设为 X 个）。

（5）按下列公式计算

$$精子数 = \frac{X}{80} \times 400 \times 10 \times 1\,000$$

或者以 X 个精子数直接乘以 50 000 即为 1 mL 稀释后精液内的精子数。

$$精子数/头份 = 精子数/mL \times 精液量(mL)/头份$$

$$有效精子数/头份 = 精子数/头份 \times 精子活率$$

4. 测定精子畸形率

（1）蘸取精液 1 滴，滴于载玻片一端，如系牛、羊精液应再加 1~2 滴 0.9% 氯化钠溶液。

（2）以另一载玻片的顶端呈 35° 角，抵于精液滴上，向另一端拉去，将精液均匀涂抹于载玻片上制成抹片。

（3）抹片于空气中自然干燥。

（4）用下列任意一种方法固定染色。

① 用 0.5% 龙胆紫乙醇溶液染色 3 min，水洗、待干即可镜检，也可用蓝墨水染色。

② 置于乙醇固定液中固定 5~6 min，取出以水冲洗后，阴干或烘干，用蓝墨水染色 3~5 min，再用水冲洗，使之干燥后于显微镜下检查。

③ 凡那他氏镀银法：将自然干燥的抹片，以胡氏溶液滴在玻片上固定 1 min，水洗 10 s，将染色剂滴在玻片上，慢慢加热至发生蒸汽为止，用水洗 30 s 后，再加上 0.25% 硝酸银 2~3 滴，立即滴 1 滴氨水，抹片左右摇动，则产生混浊的黄褐色，再放在酒精灯上慢慢加热，经 20 s，直至发出水蒸气的"白雾"状为止，最后再进行水洗，待干后便可镜检。

④ 威廉斯染法：将自然干燥的抹片放入无水乙醇中固定 4 min，然后移入 0.5% 氯胺 T（chloramine-T）中浸 2 min 左右，直到抹片上的黏液物质被除掉而变得清洁为止。再分别浸入蒸馏水和 96% 乙醇中轻洗几分钟，投入石炭酸品红-伊红染液中停留 10 min，取出后在清水中蘸 2 次，最后移入美蓝溶液中停留 5 min，取出干燥后即可在显微镜下进行检查。

⑤ 在已风干的抹片上滴上 1.0~2.0 mL 10% 中性福尔马林固定液，固定 15 min 后用水冲去固定液，吹干或自然风干，然后反扣在带有平槽的有机玻璃面上，把姬姆萨染液滴于槽和抹片之间，让其充满平槽并使抹片接触染液，染色 1.5 h 后用水冲去染液，晾干待检。

（5）镜检　将制好的抹片置于显微镜（400~600 倍）下观察，查数不同视野的 500

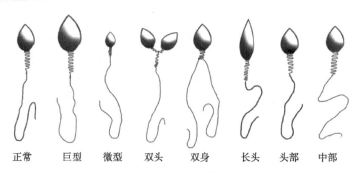

图 1-3 精子形态

个精子，计算出其中所含的畸形精子数，求出畸形精子百分率。精子形态如图 1-3
所示。

（6）计算

$$畸形率=畸形精子数/精子总数×100\%$$

四、作业

1. 分析本次实验所得的数值和一般常数值的差异。

2. 计算出本批冷冻精液每头份的有效精子数。

3. 绘出你所观察到的各类畸形精子。

实验三 家畜卵母细胞的获取及观察

一、实验目的

1. 掌握从家畜卵巢中获得卵母细胞的方法。

2. 了解卵巢中处于不同发育阶段卵母细胞的形态。

二、实验材料

（1）羊或猪的卵巢数个。

（2）体视显微镜、注射器(1 mL 或 2 mL)、表面皿、异物针、生理盐水、刀片或剪
刀等。

三、实验内容

观察卵泡大小和卵母细胞形态。

观察新鲜卵巢表面上的卵泡大小并记录数量，用注射器吸出卵泡中直径大于 3 mm
的卵母细胞，在盛有生理盐水的表面皿中清洗后，置于体视显微镜下，用异物针拨开卵
母细胞周围的异物后，观察卵母细胞的形态并记录回收的卵母细胞数目。

成熟的卵母细胞如图 1-4 所示。

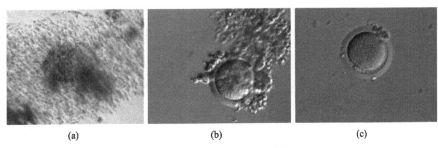

图 1-4　成熟的卵母细胞

（a）卵母细胞-放射冠-卵丘细胞复合体（100×）；（b）用透明植酸酶处理之后的卵母细胞（200×）；

（c）剥离放射冠-卵丘之后的卵母细胞（200×）

四、作业

1. 绘制卵母细胞形态。

2. 观察比较处于不同发育阶段的卵母细胞的形态。

3. 分析回收的卵母细胞数与卵泡数量的关系。

实验四　牛、羊瘤胃内容物的观察

一、实验目的

瘤胃微生物主要包括纤毛虫和细菌，它们将纤维素、淀粉及糖类发酵并产生挥发性脂肪酸等产物，同时分解植物性蛋白质合成自身的蛋白质。通过显微镜观察纤毛虫的形态及其活动，并对纤毛虫加以统计、分类。

二、实验材料

（1）牛或羊瘤胃液。

（2）显微镜、载玻片、盖玻片、胃管或穿刺针、滴管、平皿。

（3）试剂

① 碘甘油溶液的配制：甲醛-生理盐水溶液 2 份、卢戈氏（Lugol）碘液 5 份、30% 甘油 3 份，混合而成。

② 甲醛-生理盐水溶液：称取 58.44 g 氯化钠，用蒸馏水溶解，再稀释到 1 000 mL 加入 2 g 40% 甲醛溶液（密度 1.083 g/mL）。

③ 卢戈氏碘液：称取碘片 1 g、碘化钾 2 g，用蒸馏水溶解，再稀释到 300 mL。

三、实验内容

（1）用穿刺针从瘤胃抽取瘤胃内容物约 100 g，放入玻璃平皿内，观察内容物色泽、气味，测定 pH 值。

（2）用滴管吸取瘤胃内容物少许，滴 1 滴于载玻片上，盖上盖玻片，先在低倍显微镜下观察，然后改用中倍镜观察。

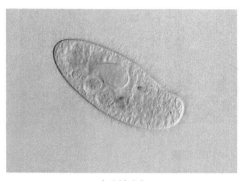 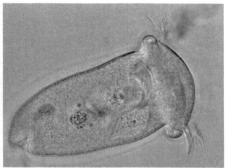

全毛纤毛虫　　　　　　　　　　贫毛纤毛虫-双毛虫

图1-5　纤毛虫

（3）找出淀粉颗粒及残缺纤维片，注意观察纤毛虫（图1-5）的运动，区分全毛纤毛虫和贫毛纤毛虫并加以统计。

（4）加1滴碘甘油溶液于载玻片上，观察经染色后的变化，注意纤毛虫体内及饲料的淀粉颗粒呈蓝紫色。

注意事项：纤毛虫对温度很敏感，观察纤毛虫活动应在适宜的温度或保温条件下进行。纤毛虫体长40~200 μm，分为全毛纤毛虫和贫毛纤毛虫两种，全毛纤毛虫又分为密毛属和均毛属，贫毛纤毛虫又分为内毛虫、双毛属、前毛属和头毛属。全毛虫体内有支链淀粉，可迅速同化可溶性糖，并将80%以上的糖以淀粉状态贮存起来，牛采食后2~4 h，全毛虫淀粉贮量达最高值，这可以防止采食后发生暴发性发酵。全毛虫体内含有蔗糖酶和淀粉酶等，能水解可溶性糖，使之发酵产生乙酸、丁酸、乳酸、CO_2、H_2及支链淀粉等，以提供机体能源。贫毛虫中以内毛虫和双毛虫最多，约占纤毛虫总数的85%~98%，其主要功能不仅能摄食和发酵淀粉，产生挥发性脂肪酸、CO_2和H_2，而且能消化分解纤维素等。

四、作业

1. 对瘤胃中的纤毛虫进行分类统计。
2. 瘤胃内的微生物的种类有哪些？它们的主要生理功能是什么？
3. 将碘甘油溶液滴于载玻片上，纤毛虫及饲料的颗粒有的呈蓝紫色，为什么？

实验五　羊毛长度的测定

一、实验目的

长度是羊毛重要物理性能之一，毛纺工业中根据羊毛的伸直长度来确定原料毛的用途。在羊毛交易中，长度是确定羊毛等级的重要依据。在养羊业中测定羊毛长度，可了解羊毛的生长情况，是鉴定品种、个体羊毛品质及杂交改良效果的重要指标。因此，羊毛长度的分析，在绵羊育种杂交改良工作中非常重要。

二、实验材料

黑绒板、尖头镊子、小钢尺(30 cm)、培养皿、实验用毛样。

三、实验内容

测定羊毛长度的方法较多，一般可分为单纤维法和束纤维法两种。在毛纺工业中多用羊毛长度分析梳片机测定毛条的束纤维长度。在羊毛商业检验中按照《羊毛毛丛自然长度试验方法》(GB/T 6976—2007)进行测定。

1. 自然长度的测定

自然长度指羊毛在自然状态下的长度。一般是在羊只活体上量取，以厘米为单位，精确到 0.5 cm。在实验室测定时，将已剪下的毛样，按其自然状态，置于黑绒板上，用小钢尺按毛丛平行方向量取其长度。

2. 伸直长度的测定

羊毛伸直长度的量取，同质毛可直接测定，若为异质毛则需按纤维类型分开后，再按不同类型量取。

(1)测定时，先将毛样和小钢尺按顺直方向摆在黑绒板上，然后再用尖头镊子由毛丛根部一根一根抽出纤维，每抽出一根后，用镊子夹住纤维两端，拉到弯曲刚刚消失时为止，在小钢尺上量其长度，准确到 0.1 cm，并记录测定结果。

(2)同质毛每个毛样测 150~200 根，异质毛每种纤维类型测 100 根。教学实验因时间所限，测定根数可酌情减少。

四、作业

1. 根据实验测得的数据，计算出该毛样的平均伸直长度、标准差、变异系数。

2. 绘制羊毛长度—次累积分布曲线图。以累积根数频率为横坐标，以各组毛纤维长度为纵坐标进行绘制。

按下式计算平均伸直率

$$伸直率 = \frac{A - B}{B} \times 100\%$$

式中　A——平均伸直长度，单位为 cm；

　　　B——羊毛自然长度，单位为 cm。

实验六　羊毛、绒纤维组织学构造的观察

一、实验目的

观察羊毛、绒纤维组织学构造是认识羊毛、绒品质的基本方法。本实验通过观察构成羊、绒毛纤维的鳞片层、皮质层和髓质层的细胞形状、大小及排列状态，了解不同类型羊毛、绒纤维在组织结构上的特点。全面比较不同类型毛、绒纤维外部形状上的差别，以准确识别不同类型的羊毛、绒纤维。

二、实验材料

（1）实验用毛、绒样。

（2）显微镜、黑绒板、尖头镊子、载玻片、盖玻片、培养皿、烧杯（250 mL）、外科直剪、玻璃棒、吸水纸。

（3）试剂 乙醚、浓硫酸、甘油（或液状石蜡）、无水乙醇、火棉胶、蒸馏水。

三、实验内容

1. 洗涤实验用毛样

将毛、绒样用镊子夹住下端，放入盛有乙醚的烧杯中，轻轻摇动，切勿弄乱纤维。洗净后取出毛、绒样，挤掉溶液，并用吸水纸吸去残留溶液，待干后备用。

2. 观察羊毛、绒纤维鳞片

羊毛、绒纤维属动物性蛋白质，呈半透明状。在显微镜下观察无髓毛和羊绒的鳞片时，不需任何特殊处理，即可看清。但是，有髓毛由于髓层的影响，鳞片不易清晰地看到，但可将鳞片印在一些胶类物质上，再进行观察（图1-6）。其方法如下：

图1-6 毛纤维的各种鳞片排列

（1）直接观察法 取毛和绒纤维数根，剪成2~4 mm长的短纤维，将其置于载玻片上，滴适量甘油，覆以盖玻片，即可在显微镜下观察。

（2）间接观察法 将火棉胶用玻璃棒均匀涂于载玻片上少许，待其呈半干状态时，再将洗净的毛纤维横置其上，稍加压力使毛纤维的一半嵌入胶中，即能印出理想的鳞片形状。纤维浸没过深过浅，均不能印出较好的鳞片形状。待胶干后，轻轻取下毛纤维，则在胶膜上印出纤维鳞片的形状。把印模同载玻片一起置于显微镜下观察。该方法虽然简单，但需反复练习才能掌握。最主要的是要根据羊毛纤维的不同类型，准确掌握涂胶技术和印制时间。

3. 羊毛、绒纤维皮质层细胞的观察

取无髓毛和羊绒各数根，剪成短纤维，分别置于载玻片上，滴1滴浓硫酸，立即盖上盖玻片。待浓硫酸与皮质层细胞间质作用2~3 min后，用镊子将盖玻片稍加力磨动，此时皮质层细胞即可分离开来。然后将载玻片置显微镜下观察。

4. 羊毛纤维的髓层观察

选有髓毛、两型毛及死毛各数根，分别在显微镜下观察其髓层的形状和粗细（图1-7）。

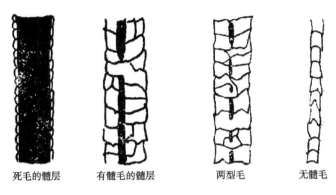

死毛的髓层　　有髓毛的髓层　　两型毛　　无髓毛

图1-7　髓层的形状

由于羊毛纤维的髓层中充满空气，所以在显微镜下观察时呈黑色。为了较清晰地看到髓层细胞的形状，观察前需将髓层细胞中的空气排除。其方法是：用剪刀将排列整齐的数根死毛从中段剪断，然后置于载玻片中央，并在毛纤维上加1滴蒸馏水，再覆以盖玻片。然后在盖玻片的一端用吸水纸吸取蒸馏水，并在盖玻片的另一端不断滴无水乙醇，如此连续约5 min后，置显微镜下观察，髓层细胞即清晰可见。

四、作业

1. 绘图比较有髓毛、两型毛、无髓毛和羊绒的组织学结构。
2. 绘图并说明羊毛皮质层细胞及髓层细胞的情况。

实验七　牛、羊乳的感官鉴定

一、实验目的

使学生掌握牛、羊乳感官鉴定的具体方法与操作步骤，并了解牛、羊乳感官鉴定原理。牛、羊乳的主要用途是作为人类的食品或食品加工的原料，牛、羊乳的质量直接关系到人们的健康，牛、羊乳的感官鉴定是牛、羊乳质量监测中的最直接、最简单、最基本的方法。

二、实验原理

牛、羊乳的感官鉴定是以羊奶的理化特性为基础的。正常牛、羊乳具有特定的感官特性，如色泽、气味、滋味等。如果被检奶样的感官特性偏离了正常牛、羊乳的感官特性，表明牛、羊乳存在问题，根据偏离的具体情况，可初步判断存在问题的种类、性质、程度及原因。

1. 色泽

正常鲜奶的色泽由乳白色到淡黄色不等，其黄色的深浅取决于牛、羊乳的脂肪含量和色素含量。

2. 组织状态

正常鲜奶的组织状态是液体，均匀一致，不黏滑，不胶粘，无絮状物。

3. 气味与滋味

正常牛、羊乳含有一种天然的乳香味，并具有纯净的甜味（来源于乳糖）和微弱的咸味，羊乳具有固有的滋气味（来源于乳脂肪中的短链脂肪酸），无异味。牛、羊乳的气味与滋味会由于各种原因而发生改变，如贮存时间与贮存条件、盛乳容器的材料与洗涤情况、牛羊的饲养管理方式、畜舍与挤奶厅的环境状况、饲料种类与质量等。

三、实验材料

（1）待检乳样（包括正常乳样和其他乳样）。

（2）小烧杯、白瓷皿。牛乳和羊乳的煮沸装置。

四、实验内容

1. 颜色

将混合均匀的乳样倒入白瓷皿内，观察其颜色。正常牛、羊乳一般为白色，微带黄色。脱脂乳是白色带蓝色（酪蛋白球比脂肪小很多，酪蛋白球小粒子较会将稍短波长的蓝色光乱反射，而让人将脱脂乳看成稍带蓝色）。初乳的黄色较深。

2. 组织状态

将混合均匀的乳样倒入烧杯中，静置 15 min 后，将其倒入另一烧杯中，观察乳样有无过黏、絮状物或其他杂质。

3. 乳的气味

用鼻子嗅闻小烧杯内的乳样，检查是否有乳的正常香味，或有无其他气味如饲料味、酸味、腥味、烟味、腐败味等。然后将乳样煮沸，再嗅闻乳样的气味，并与煮沸前的气味进行对比。一般加热后气味会变强。

4. 牛、羊乳的滋味

待煮沸的乳样微微冷却后，品尝奶样，体会正常乳样的香味，并检查是否有其他异常味道。注意，为了安全起见，只品尝基本正常的奶样，不要品尝可能对人体造成不良影响的奶样。

五、作业

描述所鉴定各种乳样感官特性。

实验八　羊乳成分分析及羊乳中掺入牛乳的成分检测

一、实验目的

1. 了解羊乳中的常规营养成分。

2. 掌握羊乳中掺入牛奶的成分检测的原理。

二、实验材料

（1）新鲜羊乳 2 kg、牛乳 1 kg、全脂羊乳粉 0.1 kg。

（2）羊乳掺假快速检测试剂板、纯净水、烧杯、水浴锅、量筒、玻璃棒、移液器、滤纸。

三、检测原理

酪蛋白快速检测卡应用了竞争抑制免疫层析的原理。样本液中的牛乳蛋白在流动过程中与胶体金标记的特异性单克隆抗体相结合，抑制了抗体和硝酸纤维素（NC）膜检测线（T）上牛乳蛋白的结合。如果样本液中牛乳蛋白含量大于检出限时，检测线不显色，结果为阳性；反之，检测线显红色，结果为阴性。

四、实验内容

（1）首先将乳成分分析仪用酸性和碱性溶液清洗各清洗 1 次，再用纯净水清洗 3 次。取 10 mL 羊乳（如需检测奶粉，检测前要将奶粉溶于纯净水中，奶粉和水的比例为 1∶8）放入检测杯中，将检测杯放置到乳成分分析仪上进行检测，检测完样品后，用吸水纸吸干检测杆上的残留样本。

（2）取 160 mL 羊乳，分成 8 组，每组 20 mL，分别向各组添加 0.1%、0.3%、0.5%、0.7%、0.9%、1.1%、1.3%、1.5%的牛乳。撕开羊乳掺假快速检测试剂板包装，取试剂板，试验环境的温度必须 20 ℃以上，冷冻过的原乳，出现明显颗粒的乳样，容易导致跑板不完全，此时必须使用加热器加热或者离心取中间层样本进行检测。用移液枪取 150 μL 样品滴加到试剂板的加样孔。8 ~ 10 min 后判读结果。酪蛋白含量为 0.5 mg/mL 时（牛乳添加量达到 1%时），显示为消线。

结果判断标准如图 1-8 所示。

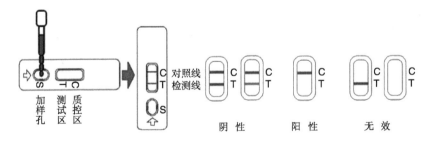

图 1-8　结果判断标准

阴性（-）：T 线（检测线，靠近加样孔一端）显色，表明样品中牛乳（酪蛋白）浓度低于检出限或无牛乳（酪蛋白）添加。

阳性（+）：T 线无显色，表明样品中牛乳（酪蛋白）浓度高于检出限。

无效：未出现 C 线，可能操作不当或试剂卡已失效。应再次阅读说明书，并用新的试剂卡重新测试。

注意事项：试剂卡一次性使用；不要使用过期试剂卡，废弃物应妥善处理；请勿触摸试剂卡中央的白色膜面；切勿重复使用配备的滴管，以免交叉污染；切勿食用配备的试剂。

五、作业

1. 分析比较牛、羊乳中酪蛋白的差异。
2. 食用掺入牛乳的羊乳制品对人的健康有何影响？

实验九 牛、羊乳新鲜度的检验

一、实验目的

使学生了解鉴定牛、羊乳新鲜度的主要检验指标及其原理，掌握鉴定牛、羊乳新鲜度检验指标的操作方法。

乳营养丰富，非常适合微生物的生长繁殖。在挤奶、贮存和运输过程中，乳很容易受到污染，引起微生物的大量生长繁殖，导致腐败变质，轻则影响加工性能和产品质量，重则对消费者的健康造成危害。乳新鲜度的检验就是鉴定乳在生产、贮存、运输过程中受污染的程度和质量的变化。

二、实验材料

（1）乳样（新鲜乳样、过夜奶、酸奶）。

（2）移液管（10 mL）、吸耳球、三角瓶（150 mL）、烧杯、量筒、试管（20 mL）、电炉。

（3）试剂 0.1 mol/L NaOH 溶液、蒸馏水、酚酞指示剂（1%酚酞乙醇溶液）、乙醇（52%、60%、68%、70%、72%、75%）。

三、实验内容

测定乳新鲜度的方法很多，常用的有煮沸实验、乙醇实验和 0.1 mol/L 碱滴定法等。

1. 酸度滴定

（1）实验原理 正常牛乳的 pH 值一般在 6.3~6.9，呈弱酸性，羊乳的 pH 值一般在 7.1~7.2，呈弱碱性。牛、羊乳在存放过程中由于微生物的活动，分解乳糖为乳酸，使牛、羊乳的酸度增高。牛、羊乳的酸度越高，说明牛、羊乳受微生物污染的程度越严重。因此，可通过测定牛、羊乳的酸度评价牛、羊乳的新鲜度。

乳的酸度越高，对热的稳定性则越低，超过 25 °T 的牛、羊乳煮沸时即自行凝固，很难再加工利用。酸度过高的牛、羊乳制成的奶粉溶解度差，品质不佳。所以，牛、羊乳的酸度是乳品加工企业收购原料乳时必检的一个指标。

酸度有多种测定方法和表示形式，我国用吉尔涅尔度或乳酸度表示。吉尔涅尔度简称°T，即以酚酞作指示剂，中和 100 mL 牛乳所消耗的 0.1 mol/L 氢氧化钠溶液的毫升数，也称滴定酸度。

刚刚挤下的新鲜牛乳，酸度在 12~18 °T，羊乳的酸度在 6~13 °T，称为自然酸度或基础酸度。鲜牛、羊乳在存放过程中由于乳酸的增加而增加的酸度称为发酵酸度。基础酸度与发酵酸度之和称总酸度。通常，乳品检验中所测定的酸度就是总酸度。

（2）实验方法

① 用移液管量取 10 mL 乳样放入三角瓶内，加入 20 mL 蒸馏水稀释(加水只是为了便于观察，但加水稀释后测得的酸度比乳的实际酸度低 0.000 2)。

② 然后加入 2~3 滴酚酞溶液。

③ 小心摇动混合，用 0.1 mol/L 氢氧化钠溶液滴定，直到粉红色在 1 min 内不消失为止。

④ 计算酸度：将所用去的氢氧化钠毫升数乘 10，即为乳样的滴定酸度。

2. 乙醇实验

（1）实验原理 酪蛋白是乳中蛋白质的主要成分。正常情况下，乳中的酪蛋白是以稳定的酪蛋白胶粒形式存在。乳中酪蛋白胶粒的稳定性受乳 pH 值的影响，当乳 pH 值降低时，酪蛋白胶粒的稳定性降低。乙醇是一种脱水剂，当在乳中加入乙醇后，便会使乳中酪蛋白胶粒的结合水层被脱掉而成为带负电的不稳定状态。两者相互作用，可使酪蛋白胶粒发生凝聚而产生沉淀。在一定范围内，乙醇的质量分数越高，对酪蛋白胶粒周围结合水层的破坏就越严重，乳就越不稳定，产生沉淀所需的酸度就越低，见表 1-5 所列；在相同的乙醇质量分数下，乳的酸度越高，产生的沉淀越多，见表 1-6 所列。

表 1-5 乙醇质量分数与发生沉淀时牛、羊乳的酸度之间的关系

乙醇质量分数/%	52	60	68	70	72	75
发生絮状沉淀时牛、羊乳的酸度	25	23	20	19	18	17

表 1-6 68%乙醇引起的沉淀情况与牛、羊乳酸度之间的关系

乳的酸度/°T	牛、羊乳的蛋白质凝固特征	乳的酸度/°T	牛、羊乳的蛋白质凝固特征
21~22	极微小絮状	26~28	大的絮状
23~24	微小絮状	29~30	极大的絮状
25~26	中等大小微小絮状		

（2）实验方法

① 取 2 mL 乳样本置于试管中，加等量的不同质量分数的乙醇溶液，微摇混合液，检查试管内壁及底部是否有酪蛋白的絮状物出现，根据表 1-5 确定乳样的实际酸度。

② 取两种乳样各 2 mL 于两支试管中，加等量的 68%乙醇溶液，微摇混合液，检查试管内壁及底部是否有酪蛋白的絮状物出现，参考表 1-6，根据絮状物出现的情况确定被检测乳样的酸度。

3. 煮沸实验

（1）实验原理　牛、羊乳的热稳定性与乳的酸度之间存在非常密切的关系。乳的酸度越高，其热稳定性就越差。乳的凝固与酸度之间存在表 1-7 所列的关系，因而，可根据牛、羊乳发生凝固时的条件，估测乳的酸度。

（2）实验方法　取正常牛、羊乳与高酸度牛、羊乳样品各 5 mL，分别置于两支试管中。将试管浸入水中水浴 6 min，并观察其所发生的现象。

表 1-7　牛奶凝固温度与酸度的关系

乳的酸度/°T	凝固的条件	乳的酸度/°T	凝固的条件
18	煮沸时不凝固	40	加热至 65 ℃时凝固
22	煮沸时不凝固	50	加热至 45 ℃时凝固
26	煮沸时凝固	60	22 ℃时自行凝固
28	煮沸时凝固	65	16 ℃时自行凝固
30	加热至 77 ℃时凝固		

四、作业

描述 3 种方法测定 3 种乳样的酸度结果，并分析原因。

实验十　兔消化器官和繁殖器官的观察

一、实验目的

1. 通过对兔消化器官和繁殖器官的观察和解剖，了解兔消化器官和繁殖器官的主要特征。

2. 学会哺乳动物的观察和解剖方法，进一步熟悉动物解剖技术。

二、实验材料

（1）活兔。

（2）解剖盘、成套解剖工具、卫生卷纸、棉花等。

三、实验内容

1. 兔的解剖

（1）处死方法　剪去兔耳外缘静脉远心端待进针处的毛，用 75% 酒精棉球涂擦该处静脉使之扩张。用左手食指和中指夹住耳缘静脉近心端，使回流血受阻而致血管充血膨胀，并用左手拇指和无名指固定兔耳。右手持注射器（针筒内已抽有 10~20 mL 空气），针头以向心方向，沿耳缘静脉平行刺入，针头进入静脉后，左手手指将针头固定于静脉内，右手推进针栓，徐徐注入空气。若针头在静脉内，可见随着空气的注入，血管由暗红变白；如注射阻力大或血管未变色或耳局部组织肿胀，表明针头未刺入血管，应拔出重新刺入。注射完毕，抽出针头，按压针孔。随着空气的注入，兔经一阵挣扎后，瞳孔放大，全身松弛而死。

（2）解剖 将兔仰卧在兔解剖台上，四肢展开用粗布带固定。布带一端扎在前肢腕关节和后肢踝关节以上部位，两前肢布带在兔背后交叉穿过，分别压住对侧前肢后固定在解剖台两侧。两后肢左右分开，分别固定在实验台尾端。固定头时，可将兔的颈部卡在兔夹的半圆形圈内，并把兔嘴部伸入圆形铁圈内，拧紧其固定螺丝。也可用一粗棉绳钩住兔门齿，固定在兔台头端铁柱上。

左手持镊提起腹部肌肉，右手持手术剪沿腹中线自泄殖孔前至横膈剪开腹壁。观察腹腔内脏的自然位置。再沿胸骨两侧各 1.5 cm 处用骨钳剪断肋骨至第 2 肋骨，并用手术剪剪开肋间肌。左手用镊子轻轻提起胸骨，右手用另一镊子仔细分离胸骨内侧的结缔组织，再剪去胸骨体。然后左手用镊子提起胸骨柄，右手持剪剪断第 1 对肋骨的胸肋段。用剪刀(或镊子)剪开(或撕开)兔颈部肌肉和结缔组织至下颌。暴露并原位观察兔颈部及胸、腹腔内内脏器官的自然位置。

2. 兔消化器官和繁殖器官的观察

（1）消化器官(图 1-9)

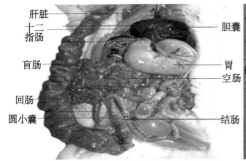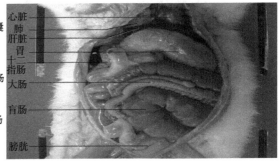

图 1-9 兔的消化器官

① 胃：囊状，一部分被肝脏覆盖。与食管相连处为贲门，与十二指肠相连处为幽门。胃的前缘称胃小弯，后缘称胃大弯(在胃大弯左侧一狭长形暗红褐色器官为脾脏，属淋巴器官)。

② 肠：分小肠与大肠。小肠又分十二指肠、空肠和回肠。十二指肠连于幽门，呈"U"形弯曲；空肠前接十二指肠，后通回肠，是小肠中最长的一段，形成很多弯曲，管壁淡红色；回肠盘旋较少，颜色较深，回肠后接结肠。大肠包括结肠和直肠。回肠与结肠相连处有一长而粗大发达的盲管为盲肠，其表面有一系列横沟纹，游离端细而光滑称蚓突。在细菌的作用下，盲肠消化植物纤维，兔是草食性动物，摄入大量植物作为食物，为了能更充分的消化植物纤维，盲肠会比较发达。回肠与盲肠相接处膨大形成一厚壁的圆囊，为兔所特有的圆小囊。结肠后接直肠，直肠内有粪球，直肠末端以肛门开口于体外。

（2）生殖器官

① 雄性生殖器官(图 1-10)：睾丸 1 对，白色卵圆形，非生殖期位于腹腔内，生殖期坠入体外阴囊内。若雄兔正值生殖期，则在膀胱背面两侧找到白色输精管，沿输精管向前可发现索状的精索。用手提拉精索，将位于阴囊内的睾丸拉回腹腔进行观察。睾丸

背侧有一带状隆起为附睾，由附睾伸出的白色细管即输精管。输精管沿输尿管腹侧行至膀胱后面通入尿道。尿道从阴茎中穿过（横切阴茎可见），开口于阴茎顶端，在膀胱基部和输精管膨大部的背面有精囊腺，精囊腺后方有前列腺。

②雌性生殖器官（图1-11）：卵巢1对，椭圆形，淡红色，位于肾脏后方，其表面常有透明颗粒状突起。输卵管1对，为细长迂曲的管子，伸至卵巢的外侧，前端扩大呈漏斗状，边缘多皱褶成伞状，称为喇叭口，朝向卵巢，开口于腹腔。输卵管后端膨大部分为子宫，左右两子宫分别开口于阴道。阴道为子宫后方的一直管，其后端延续为阴道前庭，前庭以阴门开口于体外。阴门两侧隆起形成阴唇，左右阴唇前联合处还有一突起的阴蒂。

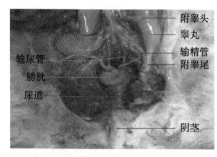

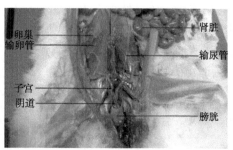

图1-10　公兔繁殖器官的组成　　　　图1-11　母兔繁殖器官的组成

四、作业

1. 公、母兔繁殖器官由哪些部分组成？
2. 分析牛、猪和兔消化器官的异同及消化特点。

第二部分　实习指导

实习一　牛的体型外貌鉴定

一、实习目的

牛的外貌鉴定是选种工作中评定牛只优劣的方法之一。通过实习，使学生形成理想牛体型外貌特征概念。掌握乳用牛（中国荷斯坦）和肉牛（纯种肉牛或杂交牛）的外貌鉴定标准和具体鉴定方法，培养学生通过体型外貌来鉴定牛只优劣的能力。

二、实习材料

（1）测杖、皮卷尺、圆形测定器（也称骨盆测定器）、牛鼻钳、地磅等。

（2）成年中国荷斯坦母牛、纯种肉牛或杂交后代牛若干头。

（3）理想型牛只模型、投影仪等。

三、实习内容

1. 理想型牛和非理想型牛的外貌差异

牛的体型外貌是内部机能和结构特点的外在表现，因此，外貌不仅可以反映品种特征和不同的经济类型，而且在一定程度上，是品种特征和经济性能优劣的表征。

从外貌比较理想型牛与非理想型牛时，主要观察以下部位特征。

头部：观察头的长短、宽窄、额的凸突、颜面的轮廓、毛色特征、角的大小、色泽及形状、唇、鼻镜及舌的颜色等。

体型：观察体型结构、高矮、宽窄、深浅、体质类型、肌肉发育及脂肪沉积程度等。

毛色：观察被毛的长短、粗细、颜色、花片分布及脊背毛的色泽等特征。

蹄：观察蹄的大小、形状及色泽等。

尾：观察尾的长短、粗细及颜色等。

2. 奶牛和肉牛的鉴定标准

（1）中国荷斯坦牛鉴定标准

① 外貌特征：头较狭长而清秀、口方、眼大；角细短，略向前方弯曲；鼻梁直，中后躯发育良好，乳房发达，体型倒三角，毛色为黑白花，不同毛色界分明。额部多有白星。

② 中国荷斯坦牛评分标准及等级：见表 2-1、表 2-2 所列。

（2）肉牛鉴定标准

① 肉牛体型要求：见表 2-3 所列。

② 肉牛外貌评分标准：见表 2-4 所列。

③ 肉牛外貌等级评定：见表 2-5 所列。

表 2-1　中国荷斯坦牛外貌评分标准

项目	满分标准	评分	
		公牛	母牛
整体结构	体质结实、结构匀称、发育好，体尺体重符合育种指标，有品种特征，花片分明，公牛有雄相	30	30
体躯	胸宽深，背腰长、平、宽；公牛腹部适中，母牛腹大而不垂；皮软、有弹性，毛细而有光泽	40	20
乳房	乳房大，向前后伸延附着良好，乳腹发育好，皮薄，有弹性，乳头大小适中，分布均匀，排乳速度快，乳静脉明显曲折，乳井深	—	30
四肢	健壮结实，肢势良好，蹄形正，质地坚实	30	20
合计	—	100	100

表 2-2　中国荷斯坦牛等级与外型总分关系表

等级	特级	一级	二级	三级
种公牛	>85	80~84	75~79	70~74
母牛	>80	75~79	70~74	65~69

表 2-3　肉牛体型要求

项目	理想型	非理想型
整体表现	体重、体格较大，种性明显、健壮；体躯匀称，结构端正，气质良好，眼睛有神，轮廓清晰；背腰平直、结实	体重、体格小，虚弱；体躯形态不佳，结构不正；无精神、背垂或弱背
结构	系部倾斜正常，肩轮廓清晰；髋角到坐节平整，下肢位正确；活动自如，跨步大，四肢正踏	短系和直系直肩，弱肩；斜尻柱状或镰刀状下肢姿势；踏步拘束，膝弯曲不正
肌肉	肌肉丰满、自然鼓凹、从背到腰肉厚，两背侧丰厚；尻厚呈正方形，大腿部肌肉明显突出，臀根丰圆	瘦削背、尖窄、尖尻；后驱并臀根贫乏
体容积	躯干宽、深腹容量大；肋宽壮	胸前部尖，侧部平板状身侧贫乏，腹上收；肋平，胁浅
身架	骨架大，骨骼伸展身腰长，体长	骨架瘦小、身腰短、荐短

表 2-4　肉牛外貌评分表

部位	鉴定要求	评分	
		公	母
整体结构	品种特征明显，结构匀称，体质结实，肉用体型明显，肌肉丰满，皮肤柔软、有弹性	25	25
前躯	胸宽深，前胸突出，肩胛平宽，肌肉丰满	15	15
中躯	肋骨开张，背腰宽而平直，中躯呈圆筒形，公牛腹部不下垂	15	20
后躯	尻部长、平、宽，大腿肌肉突出伸延，母牛乳房发育良好	25	25
肢蹄	肢蹄端正，两肢间距宽，蹄形正，蹄质坚实，运步正常	20	15
合计	—	100	100

表 2-5　肉牛外貌等级评定表

性别	特等	一等	二等	三等
公	85	80	75	70
母	80	75	70	65

3. 鉴定方法

（1）分组　实习时 5 人一组，分别担任鉴定员、记录员和牛只保定员；每组评定 6~10 头。依次对被鉴定牛只做评分鉴定。

（2）外貌鉴定　进行鉴定时，应使被鉴定的牛自然地站立在宽广而平坦处，鉴定者位于距牛 5~8 m 的地方。首先，进行一般观察，对整个牛体环视一周，以便有轮廓的认识，初步掌握牛体各部位发育是否匀称；其次，由前向后，由上向下逐一观察牛体各个部位。观察时，先从头部开始，依次观察颈、鬐甲、肩、背、腰、胸、腹、尻、尾、乳房等部位；再次，是四肢和蹄部，从前面可观察头部结构，胸和背腰的宽度，肋骨的扩张程度和前肢姿势等；从侧面观察胸部的深度，整体体型，肩及尻的倾斜度，颈、背、腰、尻等部的长度，乳房的发育情况以及各部位发育是否匀称；从后面观察体躯的容积和尻部的发育情况。先用肉眼观察，进而以手触摸，了解其皮肤、皮下组织、肌肉、骨骼、毛、角、乳房等发育情况。最后让牛自由行走，观察四肢的动作，姿势和步态。

（3）评分鉴定　在评分鉴定时，是鉴定员以心目中的"理想型模式"与具体的被鉴定牛只相比较。按各个鉴定项目，以"模式"与具体牛间的差别大小来决定扣分比例。因此，对牛体结构方面的理想特征要牢记，具体运用时又要灵活掌握。

（4）体尺测量　进行体尺测量时，注意牛只站立姿势与地面状况。牛应端正站立，地面要平坦。为此，应牵引牛只自然站立，头不低、不仰、不弯，头顶部与尾根边线经鬐甲与背线呈一条直线。测量时要注意体尺部位的准确。称重要使牛站稳，四蹄在秤台板上，并要注意磅秤本身的零点校正和准确性。

四、作业

每人鉴定 1~2 头牛，测量 2 头牛体尺，并鉴定出外型等级，此一并填入记录表中。

实习二　羊的外貌特征及主要部位的识别

一、实习目的

通过对羊的实体观察，能区别绵羊、山羊的异同点，并正确识别羊体的各个特定部位，为以后的养羊生产和科学研究工作打好基础。

二、实习材料

各类绵羊、山羊的实物标本、图片或示意图。

三、实习内容

认识羊的外貌特征是认识羊的开始。羊体各部位的表型特征是绵羊与山羊区别的重要依据。只有正确识别羊体各个部位并掌握其特征表现，才能正确区别各个品种的绵羊和山羊，从而了解其各自的生产性能和生态特点，有针对性地进行养羊生产。同时，在羊的生产、育种和科研中，经常要进行羊的外貌品质鉴定、体尺测量、毛样采集、采血等工作，而这些工作常常在羊体的特定部位进行。因此，识别绵羊、山羊的外貌特征及特定测量部位是一项基础工作。

（1）羊体主要部位识别　站在羊体左侧，按照从前至后、从上至下的原则，说出羊体各部位的名称，并在羊体上准确指出各特定部位的位置。绵羊和山羊的主要部位如图 2-1、图 2-2 所示。

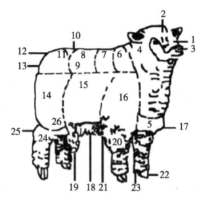

图 2-1　绵羊身躯的部位

1. 头部；2. 额部；3. 鼻；4. 颈部；5. 胸部；6. 鬐甲部；7. 背部；8. 腰部；9. 腰角；10. 十字部；
11. 臀(尻)部；12. 尾根部；13. 坐骨端；14. 股部；15. 肋部；16. 肩部；17. 肩端；18. 腹部；
19. 阴囊(公羊)；20. 前腿；21. 肘部；22. 蹄；23. 悬蹄；24. 后腿；25. 飞节；26. 膝部

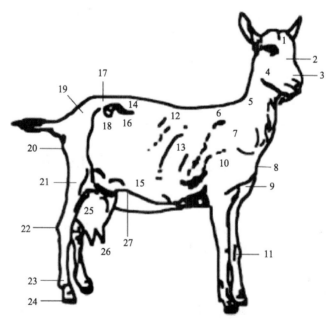

图 2-2　奶山羊体表部位名称

1. 额部；2. 鼻梁；3. 鼻镜；4. 颊部；5. 颈部；6. 鬐甲部；7. 肩部；8. 肩端；9. 前胸；10. 肘部；
11. 前膝部；12. 背部；13. 肋部；14. 腰部；15. 腹部；16. 胁部；17. 十字部；18. 腰角；19. 臀部；
20. 坐骨端；21. 股部；22. 飞节；23. 系部；24. 蹄；25. 乳房；26. 乳头；27. 乳静脉

（2）羊外貌特征识别 对各类绵羊、山羊的实物标本及图片等识别其外貌特征，主要从以下几方面比较其异同点。

① 角型：角的有无、大小、形状等。

② 耳型：大小、厚薄、形状、着生方向等。

③ 头型：大小、颜面特点（如鼻梁形状）等。

④ 肉垂：有无、多少、大小等。

⑤ 体躯：侧视形状，背腰平（凹）、直（弯）、宽（窄）、深（浅）等。

⑥ 被毛特征：毛色（色斑）、光泽、毛长、毛丛结构、细度、密度、同质性（或异质性）等。

⑦ 尻部（臀部）：丰满或斜尻。

⑧ 四肢：高低或长短、覆毛状况、肢势（端正、"X"形、"O"形）等。

⑨ 腹部：平直（下垂）及覆毛状况。

⑩ 乳房或睾丸：母羊乳房、公羊睾丸的发育状况。

⑪ 尾型：羊尾类型、形状、长短、宽窄、厚薄及尾尖形状。

⑫ 蹄质：色泽、质地等。

（3）绵羊、山羊的整体结构特征 要求从整体上识别羊的外貌特征。

① 澳洲美利奴羊（图2-3）：体质结实，结构匀称，体躯近似长方形。公羊有螺旋形角，颈部有1~3个发育完全或不完全的横皱褶，腿短，体宽，背部平直，后肢肌肉丰满。母羊无角，颈部有发达的纵皱褶。被毛为毛丛结构，毛密度大、细度均匀、弯曲均匀、整齐而明显，光泽好，油汗为白色。头毛覆盖至两眼连线，前肢毛着生至腕关节以下，后肢毛着生至飞节或飞节以下。根据羊毛细度、长度和体重分为超细型、细毛型、中毛型和强毛型4种（表2-6）。

图 2-3 澳洲美利奴羊

表 2-6 不同类型澳洲美利奴羊生产性能

类型	体重/kg		产毛量/kg		细度/支	净毛率/%	毛长/cm
	公	母	公	母			
超细型	50~60	32~38	7.0~8.0	3.4~4.5	70	65~70	7.0~7.5
细毛型	60~70	33~40	7.5~8.5	4.6~5.0	64~66	63~68	7.5~8.5
中毛型	70~90	40~45	8.0~12	5.1~6.5	60~64	62~65	8.5~10.0
强毛型	80~100	43~48	9.0~14	5.0~8.0	58~60	60~65	8.8~15.2

② 湖羊（图2-4）：是我国特有的绵羊品种，属肉用、羔皮用短脂尾粗毛羊，也是目前世界上少有的白色羔皮品种和多羔绵羊品种，具有繁殖力高、全年发情、性成熟早、早期生长快等优良性状，对高温、高湿环境和常年舍饲的饲养管理方式适应性强。所产羔皮皮板轻柔，毛色洁白，花纹美观，有丝样光泽，在国际上享有"软宝石"的美称。

湖羊体格中等，体躯狭长，腹部微下垂，后躯较高。公羊前躯发达，胸宽深，母羊乳房较发达。公、母羊均无角，头狭长，鼻梁隆起，多数耳大下垂，颈细长。尾扁圆，属短脂尾，尾尖上翘，四肢纤细。湖羊毛属异质毛，被毛纯白，少数个体眼圈有黑、褐色斑点，腹毛粗、稀而短，毛品质差，成年公羊年产毛量1.65 kg左右，成年母羊年产毛量1.17 kg左右。

③ 小尾寒羊：全身被毛白色、异质、有少量干死毛，少数个体头部有色斑。体型结实，体格高大，结构匀称，肌肉发达，侧视略呈正方形。头清秀，鼻梁隆起，耳大下垂。短脂尾呈圆形，尾长不超过飞节。胸部宽深、肋骨开张，背腰平直，体躯长呈圆筒状。公羊头颈粗，有发达的螺旋形大角（图2-5）；母羊颈长，大都有角，形状不一，极少数无角。

图2-4　湖羊

图2-5　小尾寒羊

④ 关中奶山羊（图2-6）：体质结实，乳用体型明显。毛短色白，头长额宽。公羊头颈长，胸宽深。母羊背腰长而平直，腹大、不下垂，尻部宽长、倾斜适度，乳房大、多呈方圆形，乳头大小适中。一般饲养条件下300 d平均产奶量，第1胎651.8 kg，第2胎703.7 kg，第3胎735.5 kg，第4胎691.0 kg，乳脂率4.2%；平均产羔率184.3%，二胎以上多为双羔。

⑤ 阿尔卑斯奶山羊（图2-7）：毛色不一，颜色有白色、棕色、灰色和黑色，主要为浅黄褐色，黑色或红棕色，背部有黑色条纹。有角或无角，面凹，额宽，两耳直立，体躯长。乳房发达，为椭圆形，基部附着良好。体格较大。公羊体高85~100 cm，母羊体高72~90 cm。成年公羊体重80~100 kg，母羊50~70 kg。一个泌乳期产乳800~1 000 kg，法国的最高纪录为2 300 kg，平均170%~180%，高产奶山羊可达200%~220%。

图2-6　关中奶山羊

图2-7　阿尔卑斯奶山羊

⑥ 辽宁绒山羊(图2-8)：体质结实，结构匀称。被毛全白，外层为有髓毛、长而稀疏、无弯曲、有丝光，内层密生无髓毛、清晰可见。头轻小，额顶有长毛，颌下有髯。公、母羊均有角，公羊角粗壮、发达，向后朝外呈螺旋式伸展，母羊多板角，稍向后上方翻转伸展。颈宽厚，颈肩结合良好。背腰平直，后躯发达，四肢粗壮，坚实有力。尾短瘦，尾尖上翘。

图2-8 辽宁绒山羊

四、作业

1. 准确说出羊体各部位的名称。
2. 从外貌特征上认识几种主要的绵羊、山羊品种。

实习三 奶山羊鉴定技术

奶山羊生产是养羊业中一个非常重要的组成部分，奶山羊鉴定是奶山羊育种、改良及生产实践中常用的一项关键技术，通过奶山羊个体鉴定选择出优良种羊，淘汰生产性能低劣的个体，以此提高奶山羊育种、改良及羊奶生产的整体水平。奶山羊在体质类型、外貌特征、生产方向等方面，与绵羊以及其他类型的山羊品种存在很大差异。本次实习让学生通过对奶山羊整体特征的观察以及特定部位的测量，了解和掌握奶山羊鉴定的基本技术和操作过程。

根据附录一、附录二和附录三对奶山羊进行个体鉴定，鉴定内容主要包括对羊只年龄、体质外貌、体重尺寸、生产性能等方面的评定。

I 奶山羊体重及主要体尺的测量

一、实习目的

羊的体质外貌与其生产性能密切相关。奶山羊的主要生产方向与细毛羊不同，在体质外貌特征上也有很大差异。因此，在对奶山羊进行体尺测量时，除了体高、体长等常用指标外，还要对母羊的乳房形状等进行测量。

二、实习材料

不同性别及年龄的奶山羊10~15只，羊用测杖、软米尺、骨盆计、磅秤或杆秤、羊笼、多用途栅栏或绳子、扁担。

三、实习内容
1. 体重的称量

奶山羊空腹12 h的质量，单位为千克。

2. 主要体尺测量

按照下列要求测量各体尺指标，将结果填入表 2-7。测量时，注意应让羊只站立在平坦的地面上，姿势端正，并且要正确使用量具。

奶山羊主要体尺与测量部位：

① 体高：鬐甲顶点到地面的垂直距离。

② 体斜长：从肩端到坐骨端的距离。用软米尺或测杖量取。

③ 体直长：从肩端至坐骨端后缘垂直线的水平距离，用测杖量取。

④ 胸围：沿肩胛骨后缘量取的胸部周径。

⑤ 胸宽：肩胛后角左右两垂直切线间的最大距离。

⑥ 胸深：由鬐甲顶点到胸骨下缘的垂直距离。

⑦ 腰角宽：两侧腰角外缘间的直线距离。

⑧ 腹围：公羊阴鞘前或母羊乳房前一掌处量取的胸部周径（沿最后一对肋骨处量取的腹部周径）。

⑨ 尻高：荐骨最高点至地面的垂直距离。

⑩ 尻长：腰角前缘至臀后缘的直线距离。

⑪ 乳房围度：乳房的最大直径（乳房长度 1/2 处的周径）。

⑫ 乳房长度：乳房基部至乳头基部的长度。

⑬ 乳头间距：两乳头内侧之间的距离。

⑭ 乳头离地面的距离：乳头顶端至地面的距离。

⑮ 前肢高：由肘关节上缘至地面的垂直距离。

⑯ 后肢高：由膝关节上缘至地面的垂直距离。

⑰ 管围：左前肢管部上 1/3 最细处取的水平周径。

⑱ 头长：额顶至鼻端的直线距离。

⑲ 额宽：两侧眼眶外缘间的直线距离。

四、作业

按表 2-7 要求称测羊只体重、主要体尺指标，综合比较其发育状况。

表 2-7 奶山羊体重和主要体尺记载表

品种：　　场地：　　测量人：　　测定日期：　　　　　　　　　单位：kg/cm

羊号	性别	年龄	体重	体尺																备注
				体高	体长	胸围	胸宽	胸深	腰角宽	腰围	尻高	尻长	乳房围度	乳房长度	乳头间距	乳头离地	肢高	管围	头长	额宽	

Ⅱ 奶山羊的鉴定

一、实习目的

1. 学习品种标准,对每个品种羊群的鉴定都要以其品种标准为主要依据。

2. 掌握鉴定标准,奶山羊鉴定不同于细毛羊鉴定,在羊的体质外貌及生产性能方面有其特定的要求。要求掌握奶山羊鉴定标准,熟悉奶山羊鉴定的内容。

二、实习材料

羊群、工作服、测杖、软米尺、杆秤、奶山羊品种标准、分群栏、鉴定记录表、耳号及耳号钳等。

三、实习内容

1. 奶山羊鉴定时间和方式

(1) 鉴定时间 一般奶山羊的鉴定要在奶山羊的不同年龄阶段进行,可分为初生、断奶、1.5 岁和成年鉴定。初生、断奶时仅依据体质外貌进行评定,将羔羊分为优、良、中、差 4 类,不定等级;羊只 1.5 岁时初评等级,成年时评定终身等级。

(2) 鉴定的方式

① 个体鉴定:要求细致,只对种公羊、育成公羊、种用母羊或指定做后裔测验的母羊及其羔羊进行个体鉴定,并做个体鉴定记录。

② 等级鉴定:要逐只进行,但可不做个体记录,仅按每只羊的综合品质评定等级,做上等级标记。

2. 鉴定内容

以关中奶山羊为例,鉴定项目主要包括体质外貌、体重体尺、产奶量或精液品质 4 项,顺序进行,详见附录一、附录二和附录三。

3. 奶山羊标准

奶山羊标准见附录一、附录二和附录三。

4. 奶山羊个体鉴定和等级鉴定

(1) 鉴定前准备工作 鉴定前应了解羊群的来源、饲养管理、繁殖等信息。选择羊场内一处平整宽敞的地面,要求大小适中,设足够数量的分群栏用来圈放不同等级的羊,以便复查。若有条件,可在出口处设验定台,高 60 cm,长 100～120 cm,宽 50 cm,使鉴定员能平视被鉴定羊的背侧部。每个鉴定小组的工作人员、抓羊保定人员和记录员,各司其职。

(2) 鉴定内容及操作程序

① 初生鉴定:初生重(生后 1 h 内未吃初乳前称重)。体质外貌,检查有无杂色毛、先天畸形(如间性)等,最后可分为优、良、中、差 4 类。

② 断奶鉴定:断奶重,生长发育,体质外貌,检查有无明显缺陷,如杂色毛、间

性、隐睾等，可分优、良、中、差4类。

③ 1.5岁鉴定：体重尺寸（体格大小、体尺），体质外貌（体型结构、姿势端正与否、母羊乳房发育、有无副乳头、公羊是否单睾/隐睾或包皮过长等），生产性能（泌乳性能或精液品质等）。

④ 成年鉴定：体格发育（体格大小、体尺），体质外貌（体型结构、肢势端正与否、母羊乳房发育、有无副乳头、公羊是否单睾/隐睾等），生产性能（泌乳性能或精液品质等），父母及后代生产性能。

在鉴定时要先看整体结构，有无严重的外形缺陷等，再走近详细地逐项进行鉴定。

四、作业

1. 将鉴定结果记入鉴定表（表2-8、表2-9）中。
2. 统计各等级羊所占比例。
3. 分析羊群中存在的问题，以小组为单位研究讨论提高羊群品质的措施。

表2-8 奶山羊外貌鉴定评分表

场地：　　羊主：　　鉴定人：　　　　　　　　　　　　　　　日期：　年　月　日

序号	羊号	性别	评定项目					总分	等级	主要优缺点	备注
			整体结构	体躯	泌乳系统	雄性特征	四肢				
1											
2											
3											
4											
5											
6											
7											
8											
9											
10											
11											
12											
13											

表 2-9　奶山羊个体鉴定记载表

场地：　　羊主：　　鉴定人：　　　　　　　　　　　　　　　　　　日期：　年　月　日

序号	羊号	性别	体貌特征						体重体尺					泌乳性能			精液品质			综合指数	综合等级	备注
			整体结构	体躯	泌乳系统	雄性特征	四肢	评分	体重	体长	体高	胸围	评分	胎次	奶量	评分	射精量	精子活率	评分			
1																						
2																						
3																						
4																						
5																						
6																						
7																						
8																						
9																						
10																						
11																						
12																						
13																						

实习四　家畜繁殖率统计

一、实习目的

家畜繁殖率是反应畜群繁殖效率的综合指标。通过对繁殖率的统计，学习掌握其统计方法，用以分析畜群繁殖工作中存在的主要问题。

二、实习材料

养殖场历年配种记录、养殖场历年繁殖记录、养殖场的畜群结构及母畜繁殖情况调查资料。

三、实习内容

1. 母畜受配率

母畜受配率指在本年度内参加配种的母畜占畜群内适繁母畜数的百分率，主要反映畜群内适繁母畜发情和配种情况。

$$受配率 = \frac{配种母畜数}{适繁母畜数} \times 100\%$$

2. 母畜受胎率

母畜受胎率指母畜在本年度配种后，妊娠母畜数占参加配种母畜数的百分率。在生产中为了全面反映畜群的配种质量，在受胎率统计中又分为总受胎率、情期受胎率、第一情期受胎率和不返情率。

（1）总受胎率　指本年度受胎母畜数占本年度内参加配种母畜数的百分率，反映了畜群中母畜受胎头数的比例。

$$总受胎率 = \frac{受胎母畜数}{配种母畜数} \times 100\%$$

（2）情期受胎率　指在一定期限内，受胎母畜数占本期限内参加配种母畜的总发情周期数的百分率，反映母畜发情周期的配种质量。

$$情期受胎率 = \frac{受胎母畜数}{配种情期数} \times 100\%$$

（3）第一情期受胎率　指第一个情期配种后，此期间妊娠母畜数占配种母畜数的百分率。可及早做出统计便于发现问题改进配种技术。

$$第一情期受胎率 = \frac{受胎母畜数}{第一情期配种母畜数} \times 100\%$$

（4）不返情率　指在一定期限内，经配种后未再出现发情的母畜数占本期内参加配种母畜数的百分率。不返情率可分为 30～60 d不返情率和 90～120 d 不返情率，30～60 d 不返情率一般约高于实际受胎率 7%，随着配种后时期的延长，不返情率就越接近于实际受胎率。

$$不返情率 = \frac{配种母畜数 - 配种后发情母畜数}{配种母畜数} \times 100\%$$

（5）配种指数　指参加配种母畜每次妊娠的平均配种情期数，是衡量受胎力的一种指标，在相同的条件下，则可反映出不同个体和群体间的配种难易程度。

$$配种指数 = \frac{配种情期数}{妊娠母畜数}$$

3. 母畜分娩率和产仔率

（1）母畜分娩率　指分娩母畜占妊娠母畜数的百分率，反映母畜维持妊娠的质量。

$$分娩率 = \frac{分娩母畜数}{妊娠母畜数} \times 100\%$$

（2）母畜产仔率　指分娩母畜的产仔数占妊娠母畜数的百分率，反映母畜妊娠及产仔情况的质量。

$$产仔率 = \frac{产出仔畜数}{妊娠母畜数} \times 100\%$$

单胎家畜（如牛、马、驴）多使用母畜分娩率。因为单胎家畜一头母畜产出一头仔畜，产仔率不会超过 100%，所以单胎家畜的分娩率和产仔率是同一概念。多胎家畜（如猪、羊、兔等）一头（只）母畜大多产出多头仔畜，产仔数均会超过 100%，故多胎家畜所产出的仔畜数不能反映分娩母畜数。所以对于多胎家畜应同时使用母畜分娩率和母畜产仔率。

4. 仔畜成活率

仔畜成活率指在本年度内，断奶成活的仔畜数占本年度产出仔畜数的百分率，反映幼畜培育成绩。

$$仔畜成活率 = \frac{成活仔畜率}{产出仔畜率} \times 100\%$$

5. 母畜繁殖成活率

母畜繁殖成活率指在本年度内断奶成活的仔畜数占本年度畜群适繁母畜数的百分率。它是母畜受配率、受胎率、分娩率、产仔率及仔畜成活率的综合反映。

$$繁殖成活率 = \frac{断奶成活仔畜数}{适繁母畜数} \times 100\%$$

或者为

繁殖成活率 = 受配率 × 受胎率 × 分娩率 × 产仔率 × 仔畜成活率

对于禽类动物来说，还有产蛋率、孵化率等指标。

四、作业

1. 牛场牛群繁殖资料

某奶牛场，饲养 2 头种公牛，30 头 1 岁左右的未参加配种的青年母牛。在本年度内，有 100 头母牛待配种，其中 99 头发情参与配种，第 1 情期配种妊娠的母牛 45 头，第 2 情期配种妊娠的母牛有 25 头，第 3 情期配种妊娠的母牛有 15 头。本年度共生牛犊 75 头，其中死胎 5 头，活牛犊 70 头，断奶时，共有 65 头活牛犊。计算该场本年度内发情率、受配率、受胎率、第 1 情期受胎率、第 2 情期受胎率、第 3 情期受胎率、配种指数、繁殖率、繁殖成活率、仔畜成活率。

2. 猪场猪群繁殖资料

某种猪场，饲养有 2 头种公猪，30 头 0.5 岁左右的未参加配种的青年母猪。本年度内，有 100 头母猪参加配种，其中 99 头发情参与配种，第 1 情期配种妊娠的母猪有 45 头，第 2 情期配种妊娠的母猪有 25 头，第 3 情期配种妊娠的母猪有 15 头。本年度共生仔猪 250 窝，生仔猪 2 850 头，其中死胎 100 头，活仔猪 2 750 头，断奶时，共有 2 700 头活仔猪。计算该场本年度内发情率、受配率、受胎率，第 1 情期受胎率、第 2 情期受胎率、第 3 情期受胎率、配种指数、繁殖率、繁殖成活率、仔猪成活率、平均窝产仔猪数、平均窝产活仔猪数。

实习五 参观现代化羊乳品加工厂

一、实习目的

通过参观羊乳品加工厂，了解羊乳品加工厂的布局、设备及各类乳品的加工工艺。

二、实习内容

听取技术人员情况介绍，在教师及厂方技术人员的指导下，参观乳品加工厂的实验室及有关车间。

（1）了解羊乳品加工厂的布局及工艺设计、生产规模、劳动组织及经营状况

（2）了解羊乳品生产线中的主要设备及功能

① 闪蒸脱膻机：羊乳脂肪球颗粒小，容易吸附外界的不良气体，形成膻味，闪蒸脱膻机可除去羊乳中的膻味，保留羊乳的风味。

② 多效蒸发机：在乳品浓缩中，多效蒸发机是国内外较常用的设备。该设备的主要功能是将液体乳品浓缩成粉状，变成奶粉或是增加乳制品的浓度。

③ 均质机器设备：均质机在乳制品加工中的主要作用就是使乳品中的脂肪球破碎，脂肪球呈现细碎状态不仅可以改善和提高乳品的品质，而且还能延长乳品的保质货架期。

④ 无菌生产设备：对乳品加工生产环节的各个流程都要注意无菌、杀菌的处理。现在乳品无菌处理体系中，乳品生产分为高温短时杀菌和超高温瞬时杀菌两种方式和设备，这些设备和技术在我国大量采用，并以生产线的形式运用到乳品加工行业中。

⑤ 乳品检测设备：乳品检测设备是乳品加工领域中不可缺少和非常重要的设备仪器。检测系统包括原料奶的自动验质、检测仪器还有专用奶制品的在线检测等。

（3）了解婴幼儿配方羊奶粉、中老年奶粉及全脂奶粉的加工工艺

湿法工艺基本流程：经原料乳→净乳→杀菌→冷藏→标准化配料→均质→杀菌→浓缩→喷雾干燥→流化床二次干燥→包装→检验→出厂。

干法工艺基本流程：原辅料→备料→进料→配料（预混）→投料→混合→包装→检验→出厂。

干湿法复合工艺基本流程：奶粉复水、配方原辅料混合→均质→杀菌→浓缩→喷雾干燥→加部分辅料→包装→检验→出厂。

（4）了解该厂保证羊奶粉产品质量与安全的措施

三、作业

每人撰写一份羊乳品加工厂调查报告，分析生产及经营状况，提出合理化建议。

实习六　参观现代化饲料加工厂

一、实习目的

通过参观饲料加工厂，了解饲料加工厂的内部布局设备及各类饲料的加工工艺。

二、实习内容

听取技术人员情况介绍，在教师及厂方技术人员的指导下，参观饲料加工厂及有关车间。

（1）了解该厂的建筑布局及工艺设计、生产任务及规模、劳动组织及经营状况。

（2）了解配合饲料加工主要设备及性能、清楚设备（振动筛、永磁滚筒、吸铁装置）、粉碎设备（粉碎机）、配料设备（喂料机、配料秤）、混合设备（混合机）、制粒设备（制粒机）、分装设备、封口机等。

（3）了解预混料、浓缩料及全价饲料的配料设计及加工工艺。

（4）了解该厂保证饲料产品质量与安全的措施。

三、作业

每人撰写一份饲料加工厂调查报告，分析生产及经营状况，提出合理化建议。

实习七 乳的采样及乳成分分析

一、实习目的

掌握具有代表性的乳平均样品采样方法，以及此种样品的感观鉴定和密度测定方法。

二、实习材料

乳样、乳成分分析仪、细口瓶、金属采样管、烧杯(100 mL)、量筒(100 mL)。

三、实习内容

1. 乳的采样

奶畜每天每次挤乳前后间的乳，在成分上并不是完全一致的，为了取得具有代表性的平均样品，必须连续 2 d 根据所产乳量按比例进行采样，采样时必须先将乳充分搅拌。采样的数量由采样目的而定，如要测定乳蛋白、干物质、乳脂、密度等项时，须采样 100 mL。

(1) 个别奶畜的乳采样法 先计算前 2 d 的日平均产乳量。

$$200 \text{ mL} \div (2 \times 日产奶量) = 每千克采样的毫升数$$

第 1 天：

$$每千克采样(mL) \times 早产乳(kg) = mL$$
$$每千克采样(mL) \times 午产乳(kg) = mL$$
$$每千克采样(mL) \times 晚产乳(kg) = mL$$

第 2 天：同上。

(2) 一批桶乳或瓶乳采样法 对于桶乳原则上都是随机抽样，超过 3 桶，应在 3 桶中取样，如超过 10 桶应在不同位置，在不少于 3 桶中随机取样，共取 250 mL。

对瓶乳的采样，一般如超过 1 000 瓶，可按每 50 瓶抽取 1 瓶，瓶乳不多可按每 20 瓶取样 1 瓶，进行分析。

在桶乳中采样，应用搅拌器先将乳充分搅拌均匀，瓶乳采样时则应在抽样后，利用消毒乳瓶反复倾倒数次后取样。在不易搅拌的乳槽或乳槽车中则应用金属采样管，自乳面插入乳液深部，然后以拇指压紧采样管上口，将乳样移至消毒的细口瓶中。

2. 羊乳成分分析

利用乳成分分析仪，检测乳样品乳蛋白、乳脂、密度、乳糖等成分。

四、作业

5 人一组，每组按照个别奶畜的乳采样法和一批桶乳或瓶乳采样法采集乳样品 5 个，测定乳样品成分，分析乳成分之间的差异。

实习八　日粮配合与检查

一、实习目的
掌握畜禽日粮(饲粮)配合的原理和方法。

二、实习材料
饲养标准、饲料成分表、计算机等。

三、实习内容

1. 配合日粮时应考虑的营养物质和饲料种类
根据饲养标准规定，配合日粮时必须考虑能量、蛋白质、矿物质和维生素营养。谷物是能量的主要来源，配合日粮时必须有一定量的谷物。糠麸也含有相当多的能量，而且 B 族维生素含量丰富，价格便宜，但注意钙磷比不平衡，在配合畜禽日粮中也应占一定的比例，一般上述两类饲料的蛋白质含量较少，蛋白质品质较差，氨基酸不平衡，因此还要加些植物性和动物性蛋白饲料。钙、磷、食盐、维生素添加剂以及微量元素添加剂在日粮中占适当比例。对于草食动物(牛、羊、兔等)，粗饲料(如青干草、青贮饲料)在配合日粮中也占一定比例，使配合日粮含有满足畜禽生长、产蛋、产乳、繁殖需要的各种营养物质。

2. 配合日粮应注意的问题
① 饲料种类尽可能多些，可保证营养物质完善，提高饲料的消化率。
② 注意饲料的适口性和品质。
③ 根据当地条件选择既能满足营养物质需要，又价格便宜的饲料。
④ 根据畜禽品种、用途、年龄等生理特点选择适宜的饲料种类和用量。
⑤ 饲料需有一定的容积。

3. 日粮配合方法
日粮配合方法包括手算法(试差法、四角法、公式法)和计算机优化日粮配合。试差法配合日粮的步骤如下：
① 首先根据不同畜禽品种、年龄、类型、生产水平等，参照适当的饲养标准，确定所需各类营养物质的数量或比例。
② 选择当地的常用饲料并确定其数量。
③ 试配日粮按饲料成分计算出配合日粮的营养物质含量，并与饲养标准相比较，一般来说，首先考虑能量和蛋白质两项，再考虑其他。
④ 修正日粮，如果所配日粮与确定的需要量不符合时，则应增减某种饲料的用量，以求最后与确定的需要量一致。

四、作业
1. 一头体重 500 kg、怀孕初期、日产乳 20 kg(含乳脂率 4%)的成年乳牛，每日饲喂 2.5 kg 苜蓿干草、15 kg 玉米青贮饲料、3 kg 玉米、2.23 kg 大麦、2.09 kg 豆饼,试用奶牛饲料标准和饲料营养成分表,检查该乳牛日粮所提供的养分在粗蛋白质、奶牛能量单位、钙、磷、β-胡萝卜素方面是否符合其营养需要?

2. 利用玉米、大麦、豆饼、鱼粉、青干草粉、磷酸氢钙、碳酸钙、食盐等饲料原料,根据我国猪的饲养标准,为体重 35~60 kg 生长肥育猪配合日粮。

实习九 动物克隆技术

一、实习目的
1. 了解动物克隆技术的基本原理。
2. 了解目前动物克隆的基本方法。

二、实习材料
(1) 早期胚胎、胰蛋白酶、培养基。
(2) 培养皿、显微操作仪、体视显微镜、倒置显微镜、胚胎固定管和分割针。

三、实习内容
动物克隆主要有胚胎分割和核移植两种方法。通常将所有非受精方式繁殖所获得的动物均称为克隆动物,将产生克隆动物的方法称为克隆技术。动物克隆技术不仅理论上有重大突破,无需有性繁殖即可生产动物,且可利用克隆技术克隆人体器官,具有重要的医学价值,还可使难以生殖或即将灭种的动物通过无性繁殖方式繁殖后代,因此,该技术具有重要的实用价值和应用前景。

1. 胚胎分割法的基本步骤
胚胎分割法的示意如图 2-9 所示。

2. 细胞核移植克隆动物的技术要点
① 分离和培养供体细胞。
② 获取卵母细胞。
③ 体外培养卵母细胞。
④ 处理供体细胞。
⑤ 卵母细胞去核。
⑥ 将供体细胞核注射入去核卵母细胞中。
⑦ 融合与激活。
⑧ 克隆胚胎培养。
⑨ 胚胎移植。
⑩ 生产克隆动物。

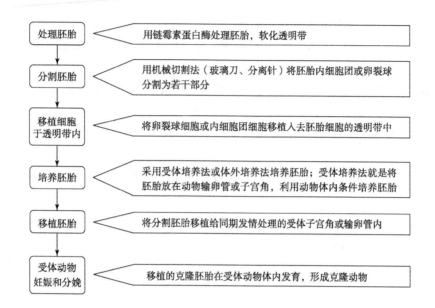

图 2-9　胚胎分割法示意

世界首例体细胞克隆羊——"多莉"的技术路线示意如图 2-10 所示。

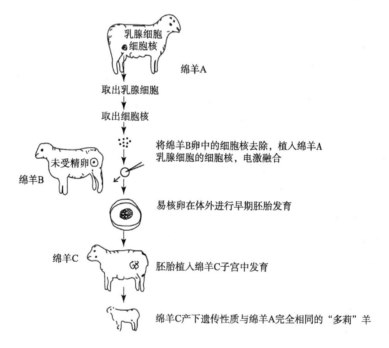

图 2-10　克隆羊——"多莉"技术路线示意

四、作业

1. 简述细胞核移植法克隆动物的技术路线。

2. 简述体细胞核移植克隆动物、胚胎细胞核移植克隆动物、胚胎干细胞核移植克隆动物、内细胞团核移植克隆动物的异同点。

实习十 转基因动物技术

一、实习目的

1. 了解转基因动物获得的基本方法。
2. 了解转基因动物的基本原理。
3. 了解家畜新品种培育的发展趋势。

二、实习内容

转基因动物技术就是将外源基因或体外重组的基因转移到动物的受精卵内，使其在动物体内得到整合和表达，以产生具有新的遗传特征或性状的转基因动物，并能将新的遗传信息稳定地遗传给后代，获得转基因系或转基因群；或者将外源基因在特定调控元件作用下，在某些宿主组织中进行独立的复制，并在一定的时间内表达外源蛋白。转基因动物的基本原理就是将改建后的目的基因通过显微注射等方法注入实验动物的受精卵，然后将此受精卵再植入受体动物的输卵管中，使其发育成携带有外源基因的转基因动物，人们可以通过转入外源基因培育优良品种的工程动物等。

转基因动物生产程序：

1. 分离和克隆目的基因

（1）人工合成 DNA 片段　以已知 DNA 片段为模板合成 DNA。

（2）人工合成 cDNA　提取 mRNA，利用反转录酶以 mRNA 为模板合成 cDNA。

（3）合成目的 DNA 片段　由蛋白质推测 DNA 结构，合成目的 DNA 片段。

2. 重组 DNA

细胞核移植法生产转基因动物的基本流程如图 2-11 所示。

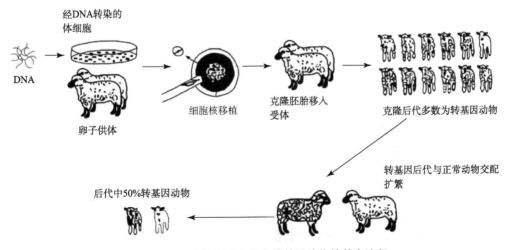

图 2-11　细胞核移植法生产转基因动物的基本流程

将一个生物体中的目的基因转入另一个生物体中，使后者获得新的遗传性状或表达所需要的产物的技术，是培育生物新类型或治疗遗传疾病的生物工程技术。

① 将目的基因用连接酶与载体连接。

② 载体连接有标记基因和调控基因。

③ 标记基因对某种药物具有抗药性(抗土霉素基因、抗新霉素基因)，在含抗生素培养基中生存的细胞为转基因细胞(携带外源基因)，死亡细胞为非转染外源基因细胞。

④ 调控基因包含有启动子、转录子、增强子和操纵子。

⑤ 重组 DNA 包含有结构基因、调控基因和标记基因。载体能将目的基因、调控基因和标记基因插入基因组的特定位置。

3. 克隆重组 DNA

体外利用 PCR 技术扩增重组 DNA，当重组 DNA 达到一定浓度时，用于转染细胞。

4. 外源基因导入动物基因组

(1) 显微注射法　将目的基因通过显微操作，直接注入受精卵的原核中。

(2) 精子载体法　将外源 DNA 与获能精子一起孵育后，以精子作为载体，与卵子体外受精。精子载体法生产转基因的基本流程如图 2-12 所示。

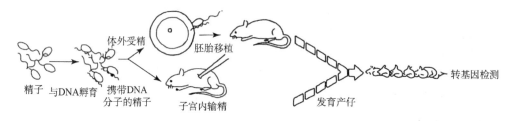

图 2-12　精子载体法生产转基因的基本流程

(3) 反转录病毒感染法　将外源基因插入到反转录病毒 RNA 特定部位，利用病毒感染细胞，将重组 DNA 携带入受体细胞，并进一步整合至细胞基因组。

(4) 胚胎干细胞介导法　将重组 DNA 导入胚胎干细胞，利用胚胎干细胞核移植或胚胎嵌合的方法生产转基因动物。

5. 将外源基因导入细胞的方法

(1) 磷酸钙沉淀法　将外源基因与 $CaCl_2$ 混合，再加入 Hepers-磷酸盐缓冲液，制备 DNA-磷酸盐沉淀物，将沉淀物移至单层细胞表面进行培养，使外源基因转移至动物细胞内。

(2) DEAE-葡聚糖转基因技术　将二乙胺乙基葡聚糖与重组 DNA 混合，加入细胞表面，外源基因就会进入动物细胞内。

(3) 电脉冲法　DNA 与经秋水仙素处理的细胞混合，用高压脉冲电流刺激细胞，使细胞膜瞬间打开，使重组 DNA 进入受体细胞。

(4) 脂质体载体介导法　利用脂质体包埋重组 DNA，与经前列腺素(PGE)处理的细胞共同培养。

6. 转基因细胞体外培养和筛选

将细胞在特定培养基中培养，能存活的即为携带外源基因的细胞。

7. 外源基因整合、转录和表达的检测

(1) Southern 杂交　制备目的 DNA 探针，从细胞中提取并纯化 DNA，扩增 DNA，酶切 DNA，变性，电泳，转移目的 DNA 片段，用目的 DNA 探针进行杂交，阳性者为目的 DNA 已整合到基因组中。

（2）Northern 杂交 目的 DNA 探针与受体细胞 mRNA 杂交，呈阳性者表明外源基因已经转录。

（3）Western 杂交 标记蛋白质与受体细胞蛋白质杂交，呈阳性者表明外源基因已经表达。

三、作业

1. 转基因动物研究的意义是什么？
2. 如何检测转基因动物？
3. 如何建立转基因动物新品系（品种）？
4. 什么是动物乳腺生物反应器？

实习十一 牛群的繁殖计划

一、实习目的
掌握牛场牛群繁殖计划的编制方法。

二、实习材料
牛场牛群的结构、数量、生产性能等基本情况。

三、实习内容
繁殖是养牛生产中联系各个环节的枢纽，为了增加养牛生产的经济效益，必须做好繁殖计划，有目的、有计划地完成牛的生产。牛群繁殖计划是按预期要求，使母牛适时配种、分娩的一项措施，又是编制牛群周转计划的重要依据。

1. 繁殖指标的确定
理想的繁殖率为 100%，产犊间隔 12 个月，但一般情况下难以实现。在实际生产中，一般要求繁殖率不低于 85%，产犊间隔不超过 13 个月。

2. 常用的衡量繁殖力的指标
（1）年总受胎率≥95%
$$年总受胎率＝年受胎母牛头数/年配种母牛头数×100\%$$
（2）年情期受胎率≥50%
$$年情期受胎率＝年受胎母牛头数/年输精总情期数×100\%$$
（3）年平均胎间距≤400 d
$$年平均胎间距＝\sum 胎间距/头数$$
（4）年繁殖率≥90%
$$年繁殖率＝年产犊牛数/年可繁母牛数×100\%$$

3. 编制配种分娩计划
在全面研究牛群生产规律和经济要求的基础上，做好选种选配，根据母牛繁殖年龄、妊娠期、产犊间隔、生产方向、生产任务、饲料供应以及饲养管理水平等，确定牛群的大批配种时间、分娩时间、分娩头数。按计划人为控制母牛产犊，将母牛的分娩时间安排到最适宜产奶和生长发育的季节，有利于提高生产性能。

四、作业

1. 某奶牛场现有 200 头适繁母牛，要求在 9 月学生开学后能够大批量供应牛奶，请你制订配种计划。
2. 如何利用现代动物繁殖技术提高奶牛的产奶量？
3. 提高奶牛繁殖率的措施有哪些？

实习十二　猪群的繁殖计划

一、实习目的
掌握猪场猪群生产计划的编制方法。

二、实习材料
猪场猪群的结构、数量、生产性能等基本情况。

三、实习内容
现代养猪生产高度集约化和工厂化，规模化猪场的生产按照一定的流程有序进行。随着养猪业的迅速发展，降低单位产量的生产成本成为每一个养猪生产者的目标。为了充分利用猪舍和设备，降低生产成本，各个生产环节均要采用均衡的生产方式，如同工业生产一样，以周为单位进行操作，因而必须制订出详尽的生产计划，使母猪的配种、分娩、育肥等环节按照一定秩序进行。

1. 猪场生产指标
目前，规模化猪场生产线均实行均衡流水作业式的生产方式，采用先进饲养工艺和技术，其生产性能参数一般为：平均每头母猪年生产 2.2 窝，提供 20.0 头以上仔猪，母猪年更新率 30% 左右，肉猪屠宰率 75%，胴体瘦肉率 65%（表 2-10）。

表 2-10　猪的生产技术指标

项目	指标	项目	指标
配种分娩率	85%	24 周龄个体重	93.0 kg
胎均产活仔数	10 头	哺乳期成活率	95%
初生重	1.2~1.4 kg	保育期成活率	97%
胎均断奶活仔数	9.5 头	育成期成活率	99%
21 日龄体重	6.0 kg	全期成活率	91%
8 周龄体重	18.0 kg	全期全场料肉比	3∶1

2. 猪配种分娩计划

一个年产万头肉猪的养猪企业，一般有母猪 600 头左右，母猪的配种受胎率要求在 90% 以上。全年配种 1 200 胎次，平均每周配种 23 头母猪，全年分娩 1 080 胎，平均每周分娩 21 胎，按照每胎生产仔猪 10 头，全年生产仔猪 10 800 头。在实际生产中，为了保证完成计划，应该在此基础上适当增加，因而大约每周配种 28 头，保证有 21~24 头母猪受胎分娩，仔猪 4~5 周断奶。

3. 猪群周转计划（周）

星期一：妊娠猪舍将产前一周的临产母猪调整到分娩舍，分娩舍于前 2 d 做好准备工作。

星期二：配种舍将通过鉴定的妊娠母猪调整到妊娠猪舍，妊娠猪舍于前 1 d 做好准备工作。

星期三：分娩舍将断奶母猪调整到配种舍，配种舍于前 1 d 做好准备工作。

星期四：将上周断奶留栏饲养一周的断奶仔猪调整到仔猪培育舍，仔猪培育舍前 2 d 做好准备工作。

星期五：将在仔猪培育舍饲养五周的仔猪调整到生长育肥舍，生长育肥舍于前 1 d 做好准备工作。

星期六：生长育肥舍肉猪出栏。

四、作业

1. 某猪场计划年出栏肉猪 5 000 头，在配种妊娠阶段，计划每周 11 头母猪分娩，受胎率 85%，妊娠期 16 周，哺乳期 4 周，空怀期 1 周，淘汰率大约 20%，年死亡率约 20%。请问：实际每周配种多少头母猪？每头猪年产几窝？存栏的经产母猪大约多少头？

2. 以万头生产线为例，以周为生产节律，采用工厂化流水作业均衡生产方式，全过程分为待配母猪阶段、母猪产仔阶段、仔猪保育阶段、肥猪饲养阶段 4 个生产环节。请设计具体生产计划。

实习十三　羊群的繁殖计划

一、实习目的

掌握羊群生产计划的编制方法。

二、实习材料

羊场羊群的结构、数量、生产性能等基本情况。

三、实习内容

羊的繁殖受季节因素的影响比较大，季节对羊繁殖性能的影响实际上意味着光照时间、温度和饲料等因素对羊繁殖性能的影响。在养羊生产中，采用先进的繁育技术，使养羊生产能够按人们的要求进行，且最大限度地发挥良种羊的繁殖潜力，提高繁殖效率。

1. 配种计划

一般根据不同地区和不同羊场每年的产羔次数和时间来制订配种计划。

（1）1年1产　可分为冬季产羔和春季产羔两种。如果产冬羔时间在1~2月，需要8~9月配种；如果产春羔时间在4~5月，需要11~12月配种。一般产冬羔的母羊配种时膘情较好，羔羊初生重大，存活率高。春季产羔时气候较暖和，产房不需要保暖。母羊产后很快就可吃到青草，奶水充足，有利于羔羊生长发育。但产春羔时，母羊妊娠后期膘情最差，胎儿生长发育受到限制，羔羊初生重小。

（2）高频产羔技术

① 2年3产的情况下，第1年5月配种，10月产羔；第2年1月配种，6月产羔；9月配种，来年2月产羔。

② 在1年2产的情况下，第1年10月配种，第2年3月产羔；4月配种，9月产羔。

2. 配种时间和方法

早晨发情的母羊傍晚配种，下午或傍晚发情的母羊于第2天早晨配种。为确保受胎，最好在第一次交配后，间隔12 h左右再交配一次。配种方法有两种：一是自然交配（本交），可分为自由交配和人工辅助交配两种；二是人工授精。

四、作业

1. 请设计2年3产的密集产羔技术方案。
2. 如何提高母羊的繁殖效率？

实习十四　规模牛场的饲养管理关键技术

一、实习目的

1. 掌握奶牛和肉牛不同生理阶段的生理特点、营养需要特点和饲养管理规范。
2. 熟悉并掌握规模化奶牛场和肉牛场标准化生产工艺流程。

二、实习材料

（1）规模化奶牛场和规模化肉牛场。
（2）计算器、测杖、卷尺。

三、实习内容

现代畜牧业是使用现代科学技术和装备及经营理念武装，基础设施完善，营销体系健全，管理科学，资源节约，环境友好，质量安全，优质生态、高产高效的产业。它以布局区域化、养殖规模化、品种良种化、生产标准化、经营产业化、商品市场化、服务社会化、生产环保化为特征。

分析奶牛场牛群结构：明确哺乳犊牛、断奶犊牛、育成牛、围产期、产奶牛（高峰期、产奶中期、产奶后期、干奶期）各阶段的概念和基本生理特点、营养需要特点和饲养管理规范；记录产奶量、乳脂率和乳蛋白率等生产性能指标；分析各牛群的生产水平和经济效益情况；熟悉并掌握奶牛场标准化生产工艺流程。

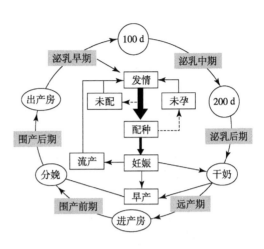

图 2-13　奶牛场生产工艺流程

1. 奶牛场生产工艺流程

奶牛阶段划分：哺乳犊牛（0~2 月龄）→断奶犊牛（3~6 月龄）→小育成牛（7~12 月龄）→中育成牛（13 月龄~初配）→大育成牛（配种受胎~分娩）→围产期（产前 15 d~产后 15 d）→产奶高峰期（16~100 d）→产奶中期（101~200 d）→产奶后期（201~305 d）→干奶期（306~365 d）。奶牛场生产工艺流程如图 2-13 所示，奶牛群结构及密度见表 2-11 所列。

2. 肉牛场工艺流程设计

肉牛场工艺流程设计特指肉牛育肥部分，是肉牛生产的关键环节，其生产工艺流程：哺乳犊牛（0~4 月龄）→断奶犊牛（5~6 月龄）→小育成牛（7~12 月龄）→育肥前期（13~18 月龄）→育肥中期（18~24 月龄）→育肥后期（25~28 月龄）。

表 2-11　奶牛场牛群结构及密度

牛群类别	比例/%	饲养面积/（m²/头）	牛床面积/（m²/头）
产奶牛	51	9	2.0×1.1
干奶牛	9	8	2.1×1.2
育成牛	24	7	1.8×1.0
犊牛	16	6	1.4×0.5

四、作业

1. 明确各阶段奶牛的生理特点、营养需要特点、饲养管理技术规范。

2. 明确各阶段肉牛的生理特点、营养需要特点、饲养管理技术要点。

3. 规模化奶牛场如何做到全年均衡产奶？了解奶牛全混合（TMR）日粮关键技术指标与饲喂要点。规模化奶牛场如何提高产奶效率？

4. 如何确定规模化肉牛场肉牛最佳的屠宰年龄？

实习十五　规模羊场的饲养管理关键技术

一、实习目的

在系统学习了养羊学理论知识的基础上，能结合具体实习条件，把课堂所学用之于实践中去，向实践学习，增加感性认识，从而做到理论联系实际，提出一整套科学合理、可操作性的饲养管理措施。

二、实习要求

认真参加养羊生产实践，深入了解养羊生产全过程，做到不怕脏不怕累，勤于思考，善于理论联系实际，培养发现问题、解决问题的能力。

三、实习内容

饲养管理是养羊生产取得良好效益的重要保证。不同类型的羊场无论其追求的是经济目标还是育种目标，都必须以良好的饲养管理为基础。而且，都必须因地制宜地制订相应的饲养管理措施，才能取得良好的效果。

1. 了解羊场的基本情况

① 羊场建场历史、管理体制、人员状况、经营方向及经营效益等。

② 羊场所处自然地理条件、人文、社会及经济条件等。

③ 羊场布局、羊舍建筑占地面积及类型、羊场设备条件。

④ 羊场饲养品种、规模、主要产品及生产方向等。

⑤ 羊场水源及其饮水供应系统。

2. 调查羊场的饲料生产、供应情况

① 自有饲料和放牧地生产、利用情况。

② 可利用饲料及目前饲料来源情况。

③ 饲料加工、调制的基本条件及其利用情况。

④ 开辟饲料来源、建立饲料基地的设想。

⑤ 羊场饲料供应，实际利用过程中具备的优势和存在的困难与问题。

3. 了解羊场羊群饲养管理的经验与不足

① 羊群的组群及群体结构(品种结构、年龄结构、性别比例)。

② 饲养制度，如饲养方式、饲喂或放牧制度等。

③ 各类羊的日粮构成，包括饲料种类、来源、配比及营养水平，或放牧满足羊只需要的基本情况。

④ 基本管理措施及其执行情况，如编号、转群、去势、修蹄、去角、剪毛或抓绒、挤奶等。

⑤ 羊群防疫保健的基本措施。

⑥ 羊场的发情鉴定、配种及接羔保育措施等。

4. 调查羊场疾病、疫病的发生及防治情况

① 防疫制度、防疫疾病及防治措施。

② 寄生虫病的发生与防治情况。

③ 普通疾病的发生及防治情况。

5. 调查羊场的经验状况

① 羊场近几年来的经济效益。

② 羊场经营方面的经验、困难与不足。

③ 羊场经营方面的设想。

四、作业

1. 总结并写出实习体会。

2. 按照实习内容要求，针对实习羊场饲养管理方面存在的问题，提出合理化建议、措施。

参 考 文 献

安小鹏，侯金星，宋宇轩，等，2016. 畜牧专业实践教学现状及改革策略[J]. 家畜生态学报，37
　　(12)：90-93.

安小鹏，侯金星，宋宇轩，等，2020. 新时代下动物生产学课程教学模式创新及改革研究[J]. 安徽农
　　业科学，48(10)：256-258.

翟新利，2017. 日粮锌水平对辽宁绒山羊种公羊精液品质的影响[J]. 中国畜牧兽医文摘，33
　　(4)：224.

付霞杰，段涛，王思宇，等，2019. 云南半细毛羊7种常用能量饲料可消化粗蛋白质和有效能的评价
　　[J]. 动物营养学报，31(1)：205-213.

傅媛媛，王爱勤，李世平，等，2020. 兔的形态结构与功能虚拟仿真实验的构建与应用[J]. 生物学杂
　　志，37(6)：126-129.

李建国，2002. 畜牧学概论[M]. 北京：中国农业出版社.

李文斐，张磊，宋宇轩，等，2020. 绵羊、山羊和牛乳的营养成分比较分析[J]. 食品工业科技，41
　　(24)：286-291.

李延鹤，刘军，张涌，等，2016. 动物胚胎育种及应用中的技术策略[J]. 畜牧兽医学报，47(10)：
　　1954-1960.

孙雨佳，张慧敏，李明勋，等，2021. 基于现代农业(牛)产业技术体系的《牛生产学》教学模式探讨
　　[J]. 中国牛业科学，47(2)：90-93.

田秀娥，2012. 动物繁殖学实验实习指导[M]. 北京：中国农业出版社.

王洪钟，谢莉萍，李玉明，等，2012. 家兔解剖实验改进与拓展[J]. 实验技术与管理，29(11)：
　　174-175.

王立民，周平，唐红，等，2019. 转生长激素基因小鼠、猪、羊的研究进展[J]. 内蒙古大学学报(自
　　然科学版)，50(5)：544-549.

许卫华，吴珍芳，石俊松，2018. 提高哺乳动物克隆效率的研究进展[J]. 中国畜牧兽医，45(9)：
　　2516-2523.

杨武才，赵春平，王洪宝，等，2020.《牛生产学实习》教学改革与探讨[J]. 家畜生态学报，41(8)：
　　94-96.

张善芝，徐相亭，2020. 中草药添加剂对公羊精液品质及血液生化指标的影响[J]. 畜牧与兽医，52
　　(9)：41-43.

张元材，2020. 不同管理模式对肉牛生产性能、营养物质表观消化率及经济效益的影响[J]. 饲料研
　　究，43(9)：18-20.

周玉香，2013. 草食动物生产学[M]. 银川：阳光出版社.

KASHIM MIAM, HASIM NA, ZIN DMM, et al., 2021. Animal cloning and consumption of its by-products：
　　A scientific and Islamic perspectives[J]. Saudi Journal of Biological Sciences, 28(5)：2995-3000.

附录一 关中奶山羊良种鉴定规范
（陕西省奶山羊产业技术创新体系制定的行业标准）

1 范围

本规范规定了关中奶山羊良种外貌等级评定、产奶性能评定、后裔测定、综合评定等技术要求。

本规范适用于关中奶山羊良种的鉴定和等级评定。

2 规范性引用文件

下列文件对于本文件的应用是必不可少的。凡是注日期的引用文件，仅所注日期的版本适用于本文件。凡是不注日期的引用文件，其最新版本（包括所有的修改单）适用于本文件。

《种畜禽管理条例》，2011 年修正

《种畜禽管理条例实施细则》（农业部令第 32 号发布，部令第 38 号修订），农业部 2007 年 11 月 8 日

3 术语与定义

下列术语和定义适用于本文件。

3.1 奶山羊（dairy goat）

山羊中主要进行产奶的品种。

3.2 良种（fine breed）

适应能力强，遗传性能稳定，产奶性能突出的优良奶用山羊品种。

3.3 关中奶山羊（guangzhong dairy goat）

该品种是西北农林科技大学等单位利用莎能奶山羊与关中当地山羊经过长期的级进杂交选育的优良奶山羊品种。全身被毛白色，乳用特征明显，产奶性能优良。1990 年通过国家新品种审定，是我国推广面积最大的优良品种。

3.4 外貌鉴定（appearance identification）

按照奶山羊的品种要求，根据外部形态评定奶山羊个体优劣的方法。家畜体型外貌是生产性能的载体，可在一定程度上能够反映其本身的体质类型和生产性能。

3.5 后裔测定（progeny testing）

根据后代的生产性能和外貌特征及等级来估测种公羊的育种值，以评定其种用价值大小的方法。后裔测定主要适用于两个方面：一是限性性状的选择，如种公羊不能直接产奶，但可根据其女儿产奶量的高低比较不同种公羊后代的女儿产奶量的优劣，间接地评价种公羊对后代产奶量遗传改良潜力的大小；二是测定低遗传力性状，如奶山羊的产奶量等。在奶山羊后裔测定方面比较常用的方法是同期同龄女儿比较法。即将预评选种公羊的女儿与其他公羊的同期同龄女儿的产奶量进行对比，间接地比较出不同种公羊遗

传改良潜力的大小(相对育种值)。

3.6 公羊选择指数(ram selection index)

利用不同种公羊选配处于相似年龄、体重、饲养管理条件及产奶量的不同母羊,通过女儿产奶量间接比较不同种公羊对于产奶量改良遗传潜力大小的方法。

3.7 产奶量(milk yield)

在泌乳期,母羊 300 d 的累计泌乳量,单位为千克(kg)。若母羊泌乳期超过 305 d,则取泌乳期前 300 d 的泌乳总量;若母羊泌乳期不足 300 d,须校正到 300 d 的泌乳量;也可用第 3 泌乳月的产奶量来估计 300 d 的产奶量(第 3 泌乳月的产奶量约占整个泌乳期产奶量的 18%)。

3.8 乳脂率(milk fat percentage)

乳中脂肪的百分含量。

3.9 总干物质率(dry matter percentage)

乳中干物质的百分含量。

3.10 产羔率(kidding rate)

同一产羔季节,母羊产羔总数占产羔母羊总数的百分比。

3.11 射精量(the volume of the ejaculate)

配种或采精时,公羊连续 3 d 每次平均排出的精液量,单位为毫升(mL)。

3.12 精子活率(sperm motility)

在 38~40 ℃条件下,检测直线运动精子数占精子总数的百分比,常用 0~1 的小数表示。

3.13 体重(body weight)

奶山羊空腹 12 h 的质量,单位为千克(kg)。

3.14 体高(body height)

鬐甲最高点到地面的垂直距离,单位为厘米(cm)。

3.15 胸围(chest girth)

沿肩胛骨后缘垂直量取的胸部周径,单位为厘米(cm)。

3.16 体长(body length)

肩端到臀端的直线距离,用专用测杖测定,单位为厘米(cm)。

4 鉴定方法

奶山羊良种的外貌特征和评分标准见附表 1 所列。

附表 1 关中奶山羊良种的外貌特征和评分标准

序号	项目	特　征	评分 公	评分 母
1	品种特征	符合品种特征,全身白色被毛,皮薄毛稀,结构匀称,骨架开阔;成年母羊具有"7 长"特点,即头秀长、耳薄长、脖扁长、背平长、尻斜长、腿直长、尾细长,全身呈明显"楔形"的乳用特征;成年公羊雄相明显,高大雄伟,特征明显	25	30

（续）

序号	项目	特 征	评分 公	评分 母
2	头部	头部秀长，耳朵薄长，额部宽阔，眼大有神，鼻孔开张，上下颌对称，嘴唇灵活	15	10
3	体驱	母羊体型呈楔形，乳用特征明显，头颈肩结合良好，前胸开阔，背腰平直，肋骨开张，背宽腰长；公羊腹部紧凑，尻部长而宽	20	20
4	乳房及睾丸	母羊乳房形状方圆，基部宽广，附着紧凑，向前延伸，向后突出，质地柔软；乳头大小适中，分布对称；乳静脉粗大弯曲，排乳速度快；公羊睾丸硕大，发育良好，左右对称，两睾丸间纵沟明显，睾丸有弹性，附睾明显	25	30
5	四肢	四肢结实，姿势端正，关节坚实，蹄部方圆	15	10
6	总计	—	100	100

4.1 外貌等级评定

4.1.1 外貌评分90分以上者（不含90分），为特级。

4.1.2 外貌评分80～90分者（不含80分），为一级。

4.1.3 外貌评分70～80分者（不含70分），为二级。

4.1.4 外貌评分60～70分者（不含60分），不能作为种用羊。

4.2 成年羊体尺、体重评定标准

关中奶山羊成年羊体尺、体重评级标准见附表2所列。

附表2 关中奶山羊成年羊体尺、体重评级标准

项目	特级			一级			二级		
	体高/cm	体长/cm	体重/kg	体高/cm	体长/cm	体重/kg	体高/cm	体长/cm	体重/kg
公羊	≥84	≥89	≥84	80～83	85～88	80～83	77～79	82～84	77～79
母羊	≥75	≥80	≥53	70～74	75～79	48～52	66～69	71～74	45～47

4.3 产奶量评级标准

关中奶山羊产奶量评级标准，见附表3所列。

附表3 关中奶山羊母羊产奶量评级标准 kg

产奶量等级	第1胎			第2胎			第3胎		
	泌乳第41～43天日均产奶量	泌乳第20～110天（90 d）总产奶量	全泌乳期（300 d）产奶量	泌乳第41～43天日均产奶量	泌乳第20～110天（90 d）总产奶量	全泌乳期（300 d）产奶量	泌乳第41～43天日均产奶量	泌乳第20～110天（90 d）总产奶量	全泌乳期（300 d）产奶量
特级	4.0	320	675	4.5	350	750	5.0	400	800
一级	3.0	240	550	3.5	290	650	4.5	350	700
二级	2.5	190	450	3.0	230	550	3.5	290	650

注：除产奶量外，还要求乳脂率达3.5%或总干物质达11.5%，才能评定为该等级。若乳脂率低于3.0%或总干物质低于11%，按原产奶量等级降一级。

4.4　成年母羊综合评定标准

成年母羊个体品质综合等级评定，以产奶性能为主，外貌及体尺体重为辅。若产奶等级达到特级的母羊，体尺体重应达到一级及以上，方可评定为特级；若产奶等级达到一级的母羊，体尺体重应达到二级及以上，方可评定为一级，见附表4所列。

附表4　成年母羊个体产奶性能，外貌综合评级标准

外貌等级	产奶等级		
	特级	一级	二级
特级	特	特	一
一级	特	一	二
二级	一	一	二

4.5　公羊鉴定基础

种公羊由特级和一级母羊所生的公羔中选留，其配种前连续3 d的平均射精量≥1.0 mL，活力≥0.7。

4.6　公羊选择指数评定标准

4.6.1　公羊指数

公羊指数公式如下：

$$F = 2D - M$$

式中　F——公羊选择指数；

　　　D——女儿平均产奶量（12只同期同龄同等级的女儿的90 d平均产奶量），单位为千克（kg）；

　　　M——母亲平均产奶量（12只同期同等级与配母羊的90 d平均产奶量），单位为千克（kg）。

4.6.2　关中奶山羊公羊选择指数评定标准

关中奶山羊公羊选择指数评定标准见附表5所列。

附表5　关中奶山羊公羊指数综合评级标准

项目	公羊等级		
	特级	一级	二级
特级母羊及女儿	≥320	240～319	≤239（不作种用）
一级母羊及女儿	≥240	190～239	≤189（不作种用）

注：按照母羊及女儿第1胎90 d的泌乳量计算公羊指数。

4.7　成年公羊综合评定标准

成年公羊个体品质综合等级鉴定，以公羊指数为主，外貌及体尺体重为辅。若公羊指数达到特级的公羊，体尺体重应达到一级及以上，方可评定为特级；若公羊指数达到一级的公羊，体尺体重应达到二级及以上，方可评定为一级，见附表6所列。

附表 6 关中奶山羊成年公羊指数，外貌综合评级标准

外貌等级	公羊指数		
	特级	一级	二级
特级	特	特	一
一级	特	一	二
二级	一	一	二

附录二　关中奶山羊照片
（陕西省奶山羊产业技术创新体系制定的行业标准）

本附录给出了关中奶山羊成年公羊（附图1）和成年母羊（附图2）的照片，仅作为对关中奶山羊品种特征识别的参考。

附图1　成年关中奶山羊公羊　　　　　附图2　成年关中奶山羊母羊

附录三 引进奶山羊良种鉴定规范
(陕西省奶山羊产业技术创新体系制定的行业标准)

1 范围

本规范规定了部分引进奶山羊良种外貌等级评定、产奶性能评定、后裔测定、综合评定等技术要求。

本规范适用于莎能奶山羊、阿尔卑斯奶山羊、吐根堡奶山羊良种的鉴定和等级评定。

2 规范性引用文件

下列文件对于本文件的应用是必不可少的。凡是注日期的引用文件，仅所注日期的版本适用于本文件。凡是不注日期的引用文件，其最新版本(包括所有的修改单)适用于本文件。

《种畜禽管理条例》，2011年修正

《种畜禽管理条例实施细则》(农业部令第32号发布，部令第38号修订)，农业部2007年11月8日

3 术语与定义

下列术语和定义适用于本文件。

3.1 奶山羊(dairy goat)

山羊中主要进行产奶的品种。

3.2 良种(fine breed)

适应能力强，遗传性能稳定，产奶性能突出的优良奶用山羊品种。

3.3 莎能奶山羊(Saanen dairy goats)

该品种原产于瑞士伯龙县莎能山谷，全身被毛白色，产奶性能突出，是世界著名的奶用羊品种之一，分布于世界各国。西北农林科技大学在20世纪30年代利用传教士引进的莎能奶山羊组群进行品系繁育，选育出西农莎能奶山羊新品系，现已推广全国20多个省(直辖市、自治区)。近几年，我国多个省市从国外大量引进了该品种。

3.4 阿尔卑斯奶山羊(Alps dairy goats)

该品种是法国杂交选育的奶山羊良种，毛色不一，大多数羊为黑色被毛，颜面两侧各有一条白色的条纹，鼻端、耳朵、腹部、臀部、尾部及四肢下端均为白色。乳用特征明显，产奶性能突出。近几年，陕西等地从国外引进了该品种。

3.5 吐根堡奶山羊(Tuggenburgdairy goats)

该品种产于瑞士吐根堡河谷，被毛为深浅各异的褐色；耳白色有一个黑色中心斑点；面部有两条向下的白色条纹；四肢以白色为主。乳用特征明显，产奶性能突出。近

几年，陕西、内蒙古、黑龙江等省（自治区）从国外引进了该品种。

3.6 外貌鉴定（appearance identification）

按照奶山羊的品种要求，根据外部形态评定奶山羊个体优劣的方法。因为，家畜体型外貌是生产性能的载体，可在一定程度上能够反映其本身的体质类型和生产性能。

3.7 后裔测定（progeny testing）

根据后代的生产性能和外貌特征及等级来估测种公羊的育种值，以评定其种用价值大小的方法。后裔测定主要适用于两个方面：一是限性性状的选择，如种公羊不能直接产奶，但可根据其女儿产奶量的高低比较不同种公羊后代的女儿产奶量的优劣，间接地评价种公羊对后代产奶量遗传改良潜力的大小；二是测定低遗传力性状，如奶山羊的产奶量等。在奶山羊后裔测定方面比较常用的方法是同期同龄女儿比较法。即将预评选种公羊的女儿与其他公羊的同期同龄女儿的产奶量进行对比，间接地比较出不同种公羊遗传改良潜力的大小（相对育种值）。

3.8 公羊选择指数（ram selection index）

利用不同种公羊选配处于相似年龄、体重、饲养管理条件及产奶量的不同母羊，通过女儿产奶量间接比较不同种公羊对于产奶量改良遗传潜力大小的方法。

3.9 产奶量（milk yield）

在泌乳期，母羊 300 d 的累计泌乳量，单位为千克（kg）。若母羊泌乳期超过 305 d，则取泌乳期前 300 d 的泌乳总量；若母羊泌乳期不足 300 d，须校正到 300 d 的泌乳量；也可用第 3 泌乳月的产奶量来估计 300 d 的产奶量（第 3 泌乳月的产奶量约占整个泌乳期产奶量的 18%）。

3.10 乳脂率（milk fat percentage）

乳中脂肪的百分含量。

3.11 总干物质率（dry matter percentage）

乳中干物质的百分含量。

3.12 产羔率（kidding rate）

同一产羔季节，母羊产羔总数占产羔母羊总数的百分比。

3.13 射精量（the volume of the ejaculate）

配种或采精时，公羊连续 3 d 每次平均排出的精液量，单位为毫升（mL）。

3.14 精子活率（sperm motility）

在 38~40 ℃条件下，检测直线运动精子数占精子总数的百分比，常用 0~1 的小数表示。

3.15 体重（body weight）

奶山羊空腹 12 h 的质量，单位为千克（kg）。

3.16 体高（body height）

鬐甲最高点到地面的垂直距离，单位为厘米（cm）。

3.17 胸围（chest girth）

沿肩胛骨后缘垂直量取的胸部周径，单位为厘米（cm）。

3.18 体长（body length）

肩端到臀端的直线距离，用专用测杖测定，单位为厘米（cm）。

4　鉴定方法

奶山羊良种的外貌特征和评分标准见附表 7 所列。

附表 7　奶山羊良种的外貌特征和评分标准

序号	项目	特　征	评分	
			公	母
1	品种特征	符合品种特征，皮薄毛稀，结构匀称，骨架开阔；成年母羊具有"7 长"特点，即头秀长、耳薄长、脖扁长、背平长、尻斜长、腿直长、尾细长，全身呈明显"楔形"的乳用特征；成年公羊雄相明显，高大雄伟，特征明显	25	30
2	头部	头部秀长，耳朵薄长，额部宽阔，眼大有神，鼻孔开张，上下颌对称，嘴唇灵活	15	10
3	体驱	母羊体型呈楔形，乳用特征明显，头颈肩结合良好，前胸开阔，背腰平直，肋骨开张，背宽腰长；公羊腹部紧凑，尻部长而宽	20	20
4	乳房及睾丸	母羊乳房形状方圆，基部宽广，附着紧凑，向前延伸，向后突出，质地柔软；乳头大小适中，分布对称；乳静脉粗大弯曲，排乳速度快；公羊睾丸硕大，发育良好，左右对称，两睾丸间纵沟明显，睾丸有弹性，附睾明显	25	30
5	四肢	四肢结实，姿势端正，关节坚实，蹄部方圆	15	10
6	总计	—	100	100

4.1　外貌等级评定

4.1.1　外貌评分 90 分以上者（不含 90 分），为特级。

4.1.2　外貌评分 80~90 分者（不含 80 分），为一级。

4.1.3　外貌评分 70~80 分者（不含 70 分），为二级。

4.1.4　外貌评分 60~70 分者（不含 60 分），不能作为种用羊。

4.2　成年羊体尺、体重评定标准

引进品种的奶山羊品种成年羊体尺、体重评级标准见附表 8 所列。

附表 8　成年奶山羊成年羊体尺、体重评级标准

项目	特级			一级			二级		
	体高/cm	体长/cm	体重/kg	体高/cm	体长/cm	体重/kg	体高/cm	体长/cm	体重/kg
公羊	≥88	≥105	≥95	86~87	102~104	90~94	83~85	99~101	86~89
母羊	≥78	≥86	≥65	76~77	84~85	62~64	73~75	81~83	59~61

4.3　产奶量评级标准

引进奶山羊品种产奶量评级标准见附表 9 所列。

4.4　成年母羊综合评定标准

成年母羊个体品质综合等级评定，以产奶性能为主，外貌及体尺体重为辅。若产奶等级达到特级的母羊，体尺体重应达到一级及以上，方可评定为特级；若产奶等级达到一级的母羊，体尺体重应达到二级及以上，方可评定为一级，见附表 10 所列。

附表 9　产奶量评级标准 kg

产奶量等级	第 1 胎			第 2 胎			第 3 胎		
	泌乳第41~43 天日均产奶量	泌乳第20~110 天(90 d)总产奶量	全泌乳期(300 d)产奶量	泌乳第41~43 天日均产奶量	泌乳第20~110 天(90 d)总产奶量	全泌乳期(300 d)产奶量	泌乳第41~43 天日均产奶量	泌乳第20~110 天(90 d)总产奶量	全泌乳期(300 d)产奶量
特级	5	360	700	6	450	800	7	500	1 000
一级	4	315	650	5	350	750	6	450	800
二级	3	235	600	4	270	650	5	360	700

注：除产奶量外，还要求乳脂率达 3.5%或总干物质达 11.5%，才能评定为该等级。若乳脂率低于 3.0%或总干物质低于 11%，按原产奶量等级降一级。

附表 10　引进品种成年母羊个体产奶性能，外貌综合评级标准

外貌等级	产奶等级		
	特级	一级	二级
特级	特	特	一
一级	特	一	二
二级	一	一	二

4.5　公羊鉴定基础

种公羊由特级和一级母羊所生的公羔中选留，其配种前连续 3 d 的平均射精量≥1.0 mL，活力≥0.7。

4.6　公羊选择指数评定标准

4.6.1　公羊指数

公羊指数如下：

$$F = 2D - M$$

式中　F——公羊选择指数；

　　　D——女儿平均产奶量(12 只同期同龄同等级的女儿的 90 d 平均产奶量)；

　　　M——母亲平均产奶量(12 只同期同等级与配母羊的 90 d 平均产奶量)。

4.6.2　公羊选择指数评定标准(附表 11)

附表 11　公羊指数综合评级标准

项目	公羊等级		
	特级	一级	二级
特级母羊及女儿	≥360	315~359	≤314(不作种用)
一级母羊及女儿	≥315	235~314	≤234(不作种用)

注：按照母羊及女儿第 1 胎 90 d 的泌乳量计算公羊指数。

4.7　成年公羊综合评定标准

成年公羊个体品质综合等级鉴定，以公羊指数为主，外貌及体尺体重为辅。若公羊指数达到特级的公羊，体尺体重应达到一级及以上，方可评定为特级；若公羊指数达到一

级的公羊，体尺体重应达到二级及以上，方可评定为一级，见附表 12、附表 13 所列。

附表 12　成年公羊指数，外貌综合评级标准

外貌等级	公羊指数		
	特级	一级	二级
特级	特	特	一
一级	特	一	二
二级	一	一	二

附表 13　相对育种值与等级对应关系

相对育种值/%	等级
110.0 以上	特级
105.0~110.0	一级
100.0~104.9	二级

附录四 生鲜山羊奶及优质奶质量卫生技术规范
(陕西省奶山羊产业技术创新体系制定的行业标准)

1 范围

本文件规定了生鲜山羊乳质量标准、收购检验方法、检验规则、贮存运输。

本文件适合于奶山羊养殖场、生鲜羊乳收购站、乳制品加工企业、第三方检测机构。

2 规范性引用文件

下列文件对于本文件的应用是必不可少的。凡是注日期的引用文件，仅注日期的版本适用于本文件。凡是不注日期的引用文件，其最新版本(包括所有的修改单)适用于本文件。

GB 4789.2—2016 《食品安全国家标准 食品微生物学检验 菌落总数测定》

GB 5009.2—2016 《食品安全国家标准 食品相对密度的测定》

GB 5009.5—2016 《食品安全国家标准 食品中蛋白质的测定》

GB 5009.6—2016 《食品安全国家标准 食品中脂肪的测定》

GB 5009.11—2014 《食品安全国家标准 食品中总砷及无机砷的测定》

GB 5009.12—2017 《食品安全国家标准 食品中铅的测定》

GB 5009.17—2014 《食品安全国家标准 食品中总汞及有机汞的测定》

GB 5009.24—2016 《食品安全国家标准 食品中黄曲霉毒素 M 族的测定》

GB 5009.33—2016 《食品安全国家标准 食品中亚硝酸盐与硝酸盐的测定》

GB 5009.239—2016 《食品安全国家标准 食品酸度的测定》

GB 5413.30—2016 《食品安全国家标准 乳和乳制品杂质度的测定》

GB 5413.38—2016 《食品安全国家标准 生乳冰点的测定》

GB 5413.39—2010 《食品安全国家标准 乳和乳制品中非脂乳固体的测定》

GB/T 7467—1987 《水质 六价铬的测定 二苯碳酰二肼分光光度法》

GB 19301—2010 《食品安全国家标准 生乳》

GB/T 22990—2008 《牛奶和奶粉中土霉素、四环素、金霉素、强力霉素残留量的测定液相色谱-紫外检测法》

GB/T 22966—2008 《牛奶和奶粉中 16 种磺胺类药物残留量的测定液相色谱-串联质谱法》

GB/T 22969—2008 《奶粉和牛奶中链霉素、双氢链霉素和卡那霉素残留量的测定液相色谱-串联质谱法》

GB/T 22975—2008 《牛奶和奶粉中阿莫西林、氨苄西林、哌拉西林、青霉素 G、青霉素 V、苯唑西林、氯唑西林、萘夫西林和双氯西林残留量的测定液相色谱-串联质

谱法》

GB/T 23210—2008　《牛奶和奶粉中 511 种农药及相关化学品残留量的测定气相色谱–质谱法甲新霉素》

NY/T 800—2004　《生鲜牛乳中体细胞的测定方法》

NY/T 829—2004　《牛奶中氨苄青霉素残留检测方法——HPLC》

3　术语及定义

生鲜山羊乳（raw goat milk）

从正常饲养的、无传染病和乳腺炎的健康奶山羊乳房内挤出的常乳。产后 7 d 内的初乳、使用抗生素和休药期间的乳汁、变质乳不作为生鲜羊乳。

4　生鲜山羊乳质量要求

4.1　基本指标

4.1.1　感官要求应符合本标准附录 A 的规定。

4.1.2　理化指标应符合本标准附录 B 的规定。

4.1.3　安全卫生指标应符合本标准附录 C 的规定。

4.1.4　微生物指标及羊乳等级见本标准附录 D。

4.2　掺杂使假要求

不得在生鲜山羊乳中掺入牛乳、碱性物质、淀粉、面汤、食盐、蔗糖等非乳成分。

5　检验方法

5.1　感官检验

取适量试样于 50 mL 烧杯中，在自然光下观察色泽和组织状态。

5.2　滋味和气味

取适量试样于 50 mL 烧杯中，先闻气味，加热至 70~80 ℃，冷却至 25 ℃时，然后用温开水漱口，再品尝样品的滋味。

5.3　理化检验

5.3.1　冰点：按 GB 5413.38—2016 检验。

5.3.2　密度：按 GB 5009.2—2016 检验。

5.3.3　蛋白质：按 GB 5009.5—2016 检验。

5.3.4　脂肪：按 GB 5009.6—2016 检验。

5.3.5　杂质度：按 GB 5009.30—2016 检验。

5.3.6　非脂乳固体：按 GB 5413.39—2010 检验。

5.3.7　酸度：按 GB 5009.239—2016 检验。

5.4　卫生检验

5.4.1　汞：按 GB 5009.17—2014 检验。

5.4.2　砷：按 GB 5009.11—2003 检验。

5.4.3　铅：按 GB 5009.12—2017 检验。

5.4.4　六价铬：按 GB/T 7467—1987 检验。

5.4.5　亚硝酸盐与硝酸盐：按 GB 5009.33—2016 检验。

5.4.6　黄曲霉毒素 M1：按 GB 5009.24—2016 检验。

5.4.7　氨苄青霉素：按 NY/T 829—2004 检验。

5.4.8　新霉素：参考离子色谱法检验。

5.4.9　土霉素：按 GB/T 22990—2008 检验。

5.4.10　青霉素：按 GB 5009.185—2016 检验。

5.4.11　链霉素：按 GB/T 22969—2008 检验。

5.4.12　泰乐霉素：按 GB/T 22941—2008 检验。

5.4.13　磺胺类：按 GB/T 22966—2008 检验。

5.4.14　对硫磷：按 GB/T 23210—2008 检验。

5.4.15　甲基对硫磷：按 GB/T 23210—2008 检验。

5.4.16　甲胺磷：按 GB/T 23210—2008 检验。

5.5　微生物检验

菌落总数：按 GB 4789.2—2016 检验。

5.6　体细胞测定

按 NY/T 800—2004 测定。

5.7　掺假检验

5.7.1　碱性物质

5.7.1.1　试剂：玫瑰红酸（0.05%乙醇溶液）。

5.7.1.2　方法：于盛有 5 mL 牛乳的试管中加入 5 mL 玫瑰红酸液，用手指堵住管口，摇匀，无碱性物质则呈黄色，有碱时则呈玫瑰红色，其加入量与颜色的深浅成正比（在检验时应进行对照试验）。

5.7.2　淀粉：按 GB 5009.9—2016 检验。

5.7.3　食盐：按 GB 5009.42—2016 检验。

5.7.4　蔗糖：按 GB 5009.8—2016 检验。

5.8　乙醇阳性乳的检测

应用 63%~68%的乙醇（酒精）进行检测，具体检测时将 1~2 滴按照品种配制的乙醇滴入装有 2~3 mL 的羊乳中，振摇 3~4 次不出现絮片的羊奶为符合酸度的合格奶，否则为乙醇阳性乳。在生产实践中有一些假性乙醇阳性乳，可采用酸度滴定的方法进行精准检测。

6　检验规则

6.1　批次

以同一装载贮存或运输容器中的生鲜羊乳为一个批次。

6.2　检验项目及频次

6.2.1　对每个批次检验的项目为奶温、酸度、乙醇实验、抗生素残留、掺杂使假检验。

6.2.2　对每个奶山羊养殖场、养殖小区、生鲜羊乳收购站没有随机抽取 8～10 个批次进行检验。

6.2.3　检测项目包括脂肪、蛋白质、非脂乳固体、体细胞数、细菌总数、冰点、抗生素残留。

6.2.4　检验应在采样后 8 h 内进行，对出现不合格生鲜羊乳的供应点应加大检验频次。

6.3　抽样方法

在贮存容器内搅拌均匀后或在运输器具内搅拌均匀后从顶部、中部、底部等量随机抽取，或在运输器具出料时连续等量抽取，混合成 4 L 样品用于收购检验，或 8 L 样品供型式检验。

6.4　判定规则

6.4.1　安全卫生指标和微生物指标有一项检验不合格，则判该批产品不合格。

6.4.2　有一项掺假项目指标被检出，则该批产品判为不合格产品。

6.4.3　优质奶根据附录 A、附录 B、附录 C、附录 D 判定。其中，生鲜羊奶中的蛋白质含量（≥2.9 g/100 g），乳铁蛋白含量（≥12 mg/100 g），维生素 A 含量（≥60 μg/100 g），菌落总数（≤10 万个/mL）。

7　盛装、冷却、贮存和运输

7.1　生鲜羊乳的盛装应采用表面光滑的不锈钢制成的桶和贮奶罐或由食品级塑料制成的贮存容器。

7.2　应按照标准化、机械化挤奶或者现场集中挤奶的要求挤奶，挤出的生鲜羊乳应在 2 h 内冷却至 4 ℃ 左右，存放在带有制冷系统的贮藏罐中贮藏，贮存期间奶温不得超过 6 ℃，从挤奶产出至用于加工前不超过 24 h，乳温波动应保持 0～6 ℃。

7.3　生鲜山羊乳的运输应使用带保温或制冷系统的奶糟车。

7.4　所有的存乳和贮存容器使用后应及时清洗和消毒，内壁保持无奶垢、无不良气味。

附录
附录 A　感官要求

感官要求见附表 A.1 所列。

附表 A.1　感官要求

项　目	要　求
色泽	呈均匀一致的乳白色或微黄色
滋味、气味	具有羊乳固有的滋气味，无异味
组织状态	均匀一致、无凝块、无沉淀、无正常视力可见异物的液态

附录 B 主要理化指标

主要理化指标见附表 B.1 所列。

附表 B.1 主要理化指标

项 目	指标	项 目	指标
冰点/℃	-0.500~-0.560	杂质度/(mg/kg)	≤4.0
相对密度/(20 ℃/4 ℃)	≥1.027	非脂乳固体/(g/100 g)	≥8.1
蛋白质/(g/100 g)	≥2.8	滴定酸度/°T	6~13
优质奶蛋白质/(g/100 g)	≥2.9	(优质山羊乳)乳铁蛋白/(mg/100 g)	12~55
脂肪/(g/100 g)	≥3.2	(优质山羊乳)维生素 A/(μg/100 g)	≥60

备注：挤奶以后 3 h 检验冰点。

附录 C 安全卫生指标

安全卫生指标见附表 C.1 所列。

附表 C.1 安全卫生指标

项 目	指标	项 目	指标
汞(以 Hg 计)/(mg/kg)	≤0.01	土霉素/(mg/kg)	≤0.10
砷(以 As 计)/(mg/kg)	≤0.10	青霉素/(mg/kg)	≤0.004
铅(以 Pb 计)/(mg/kg)	≤0.05	链霉素/(mg/kg)	≤0.20
六价铬(以 Cr 计)/(mg/kg)	≤0.30	泰乐霉素/(mg/kg)	≤0.05
硝酸盐(以 $NaNO_3$ 计)/(mg/kg)	≤8.00	磺胺类总计/(mg/kg)	≤0.05
亚硝酸盐(以 $NaNO_2$ 计)/(mg/kg)	≤0.40	对硫磷/(μg/kg)	≤2.60
黄曲霉毒素 M1/(μg/kg)	≤0.50	甲基对硫磷/(μg/kg)	≤2.60
氨苄青霉素/(mg/kg)	≤0.01	甲胺磷/(mg/kg)	≤0.02
新霉素/(mg/kg)	≤0.15		

附录 D 微生物指标

微生物指标见附表 D.1 所列。

附表 D.1 微生物指标

项目/(CFU/mL)	指标/万个	等级
菌落总数	≤10	优质奶
菌落总数	≤50	特级
菌落总数	51~100	一级
菌落总数	101~150	二级
菌落总数	151~200	三级
菌落总数	>200	等外

附录五　实习基地简介

一、陕西和氏高寒川牧业有限公司

陕西和氏高寒川牧业有限公司东风智能生态奶山羊养殖场是和氏公司筹备近一年，总投资3.2亿元(包括基础建设投资2亿元，设备投资1.2亿元)，着力打造的生态羊乳供应基地(附图3)。项目共占地面积200亩①，建筑面积40 000 m²，共7座羊舍，包括4列式泌乳羊舍5座，每座可存栏泌乳奶山羊3 500只，种公羊舍1座、青年羊舍1座，配套建设有运动场、保健室、冻胚室、饲料库、干草棚、青贮窖、粪污干湿处理、堆粪棚(附图4)。将饲养良种奶山羊20 000只，年产优质羊奶12 000 t，公、母羔15 000只，预计产值过亿元。

智能生态羊场采用目前世界领先的饲养管理设备、将实现全智能化、精细化管理，自动化生产，带动奶山羊全产业发展，成为全县奶山羊养殖示范基地及国内最先进的奶山羊养殖场。全场采用厚铺垫草回归自然的生态化饲养环境，拥有自动化恒温电加热水槽，自动通风系统，TMR混合日粮自动投料系统。奶厅安装有我国最大的德国102位GEA第二代舒适型转盘挤奶设备，拥有领先前沿的转台技术，具有羊只舒适、简单易用、操作简便、运输成本低的特点。另外，它带有精准的电子识别系统，可以精准识别每一只羊的信息，方便分群和管理。智能生态羊场内修建了奶山羊文化展馆，它是以陇县奶山羊发展历史为文化，以关山草原为背景，以智能生态养殖为特色，包括现场参观、现场体验、现场模拟、现场品尝等不同展现形式设计而成的奶山羊文化生态博览馆，大力宣传奶山羊及羊乳文化，助推陕西省千亿羊乳产业发展。

附图3　陕西和氏高寒川牧业有限公司　　　附图4　陕西和氏高寒川牧业有限公司
（奶山羊养殖场）　　　　　　　　　　　（奶山羊羊舍）

二、甘肃元生农牧科技有限公司

西北农林科技大学金昌肉羊试验示范基地建于2012年，是由西北农林科技大学与金昌市政府进行校地合作，依托甘肃元生农牧科技有限公司乳肉兼用绵羊生态牧场共同建设。经过多年发展，基地包括占地241 340 m²的智能化标准羊舍、饲草贮存及加工

———————————
① 1亩≈0.0667 hm²。

中心、占地 10 432 m² 的专家楼 1 座、挤奶大厅 2 栋以及奶绵羊综合实验室 1 座（附图 5、附图 6）。基地可满足西北农林科技大学师生在乳肉绵羊育种、繁殖、饲料营养和环境控制等方面的科学研究、技术研发以及实践能力提升等。目前，基地形成国内最大的东佛里生奶绵羊和湖羊杂交一代和级杂二代群体，杂交代已经完全实现机械化挤奶，是我国第一家规模化产业化进行绵羊奶生产的企业。项目建成后，每年可出栏奶绵羊种羊 20 000 只，出售肉羊 80 000 只，生产绵羊奶 23 000 t，加工绵羊奶制品逾 10 000 t，产值近 5 亿元，将实现绵羊奶全产业链生产，从而为我国奶绵羊产业发展起到重要的示范引领作用。基地的工作已经使金昌市羊产业发展形成独一份、特中特、优中优的转型升级特色，得到甘肃省委省政府的高度肯定。

西北农林科技大学延安（吴起）肉羊试验示范基地建于 2013 年，是由西北农林科技大学与延安市、吴起县合作共建。基地位于吴起县种羊场内，但技术覆盖吴起、安塞、志丹、甘泉、黄龙、黄陵、洛川、富县、延川等县。经过基地科研推广人员几年的努力，延安市肉羊生产已经由过去饲养绒山羊向饲养绵羊转变。高繁湖羊已经成为延安地区肉羊生产的首选母本品种。试验示范基地建立和推行了 461 高效生产模式，利用该模式可充分利用肉羊的"黄金"生长与繁殖年龄，使其繁殖与生产潜力得到最大发挥，使肉羊养殖成本明显下降，从根本上解决舍饲肉羊养殖效益低下的问题。通过大力推广高繁湖羊和高效杂交模式等措施，使延安市累计多产肉羊超过 20 万只，增加养殖收益约 12 800 万元。延安基地湖羊及相关技术已经推广和辐射到榆林、渭南、铜川等地区十余个县，对陕西省乃至西北地区的肉羊产业发展起到了积极的示范带动作用。依托延安肉羊试验示范基地完成的《肉羊高效养殖关键技术集成与推广》项目，2015 年获陕西省农业技术推广一等奖，2016 年获农业部农牧渔业丰收三等奖。目前，延安市肉羊养殖效益明显提升，使很多养殖户因此脱贫致富，得到延安市政府的高度肯定。

附图 5　甘肃元生农牧科技有限公司（挤奶厅）　附图 6　甘肃元生农牧科技有限公司（奶绵羊舍）

三、陕西省莎能奶山羊繁育中心

陕西省莎能奶山羊繁育中心（千阳县种羊场），是专门从事莎能奶山羊保种、选育、推广的科技型国营事业单位，属陕西省优良畜种资源保护场（附图 7）。是全国最大的莎能奶山羊良种繁育基地。中心占地 246 亩，其中饲料生产用地 193 亩，场部 53 亩，固定资产 820 万元。各类羊舍 5 012 m²，饲草饲料仓容 3 000 m³，生产生活设施齐全。拥有畜牧兽医专业技术人员 10 余人。齐全的设施、雄厚的技术力量、严谨的科学管理，加上西北农林科技大学专家悉心指导，培育的西农莎能奶山羊多次获部、省、市科技进

附图7　陕西省莎能奶山羊繁育中心
（千阳县种羊场）

步奖和后稷金像奖，荣获"世界奶山羊样板养殖示范场"。中心坚持"保种与扩群、改良与推广、质量与数量、销售与服务"4个同步的经营思路，培育的西农莎能奶山羊各项生产性能优良，遗传性能稳定，具有杂交改良地方品种效果显著的特点。现存栏各年龄阶段公、母羊1 200余只，已先后向云南、福建、上海、吉林、四川、新疆等省（直辖市、自治区）推广种羊20 000余只，均取得了较好的经济与社会效益。

四、陕西绿能生态牧业有限公司

陕西绿能生态牧业有限公司，位于具有奶山羊发展特色的陕西陇县（附图8）。该公司是目前国内存栏规模最大的羊奶生产基地。在黑龙江、吉林都建有奶山羊养殖基地，每个羊舍占地面积1 500亩。公司采用国外先进羊舍设计、TMR饲喂技术、人工授精等，从牧场规模、技术投入、管理理念、养殖技术、质量检测、厂区建设等多方面都处于国内外领先地位。绿能牧业引进荷兰先进的养殖技术，聘请国内外奶山羊专家进行亲临指导，又与国内西北农林科技大学动物科技学院进行强强联手，被宝鸡市陇县畜产局及西北农林科技大学动物科技学院作为实验示范基地及育种基地。做到产、学、研一条龙，加速牧业的发展，做中国奶业的领头人。

牧场设计规模40 000只，目前存栏3 000余只。占地面积740亩，总建筑面积34 064 m^2。陕西绿能生态牧业有限公司将以提高国民体质为己任，致力于提供更适合中国宝宝的安全健康食品为己任，不断提高生产管理和加大创新，以全球的视野，以精诚的态度，整合优秀资源，绿能牧业是全国首家规模最大的羊奶养殖企业。厂区内设有4个青贮窖，面积为3 187 m^2，并自有青贮生产基地300亩，并向外收购青贮1 000亩，用于青贮的制作；与陕西华电杨凌热电有限公司签订太阳能光伏发电系统合同，羊舍顶棚及厂区内均设有太阳能电池板，具有永久性、清洁性和灵活性三大特

附图8　陕西绿能生态牧业有限公司
（奶山羊羊舍）

点，做到环保，对环境产生零污染。由先进的管理团队作为公司领导人，加强团队整体建设；建立奶山羊养殖档案，为牧场的兽医治疗、繁育配种、日粮设计、适时干预，配方调整，合理分群，提供了高效、快捷、准确的第一手资料。保证了羊群的科学养殖、精细管理和规模效应。

为了把绿能牧业做大做强，采用培训及继续教育的形式，加强员工的工作能力，与西北农林科技大学动物科技学院联合举办"绿能首届西北农林科技大学奶山羊养殖培训"，来促进奶山羊养殖的专业性。